複合構造レポート 15

複合構造物の防水・排水技術
－水の侵入形態と対策－

土木学会

Hybrid Structure Reports 15

Waterproof and Drainage Technologies for Hybrid Structures

－Water Intrusion Mode and Countermeasures－

March, 2020

Japan Society of Civil Engineers

まえがき

　我が国の社会基盤構造物を構成する主たる構造材料に鋼材とコンクリートがある．炭素鋼をはじめとする鋼材やセメントコンクリート，アスファルトコンクリート等のコンクリートは共に周辺環境に存在する雨水等の水分の影響を受け，劣化現象を早期に呈することがある．また，橋梁等の活荷重の影響が大きい構造物においては活荷重の作用と劣化現象の影響の相互作用により構造物の各種性能の低下が加速されることが認識されている．このような現象を防止するため，水の影響を排除することを目的として，構造物の表面に塗装や防水システムの配置が実施され，構造材料内への水の侵入を防止することが図られる．

　外力の作用による影響がそれほど大きくないと考えられる，鋼材表面等に配置される塗装などは水の侵入を遮断する遮水性能と周辺環境からの影響に対する抵抗性能である耐候性や耐酸性を主たる要求性能とする場合が多い．これに対し，輪荷重が走行する舗装と床版の間に配置される床版防水においては舗装上面から供給される水分に対する遮水性だけでなく，輪荷重による繰り返し作用に対する耐久性（耐疲労性）や床版・舗装との接着強度などの性能が求められることになる．

　床版防水に関してはその要求性能を満足させるための性能確認方法として「道路橋床版防水便覧（日本道路協会）」や「床版防水システムガイドライン（土木学会）」によるものが提案されている．しかしながら，最近の高機能型の道路橋床版用防水システムは開発されてから20〜30年程度しかたっておらず，さらには防水層と舗装，床版間の接着システムも変化していることから床版防水の性能低下における時間経過の影響を確認するための実データを確保することはできない状況である．このため，現行の性能確認手法は新設防水システムに対して耐疲労性や耐候性，接着性を確認するための促進試験等が主体となっており，実際の時間の経過に伴う性能低下を正確に再現できているかどうかについては不明な点が多い．したがって，現行の床版防水システムの要求性能確認においては，供用予定期間内にシステムの性能が要求性能を下回ることがないように要求基準を高めに設定する傾向があると考えられる．このような傾向を反映しているためか，塗装や防水システムが破綻した際のバックアップについては規準類の整備が非常に遅れているのが現状である．

　鋼材やコンクリートを複雑に組み合わせて部材や構造体を構成する複合構造においては，各材料の長所を活用する必要性からコンクリートを鋼材が取り囲むような構造となってしまうことが多く，いったん構造内に水が侵入した場合には水を構造外へ排出することが非常に困難な状態になっている．構造内に過剰な水分が滞留している場合，その影響による鋼材腐食等の劣化現象が懸念されるだけでなく，輪荷重等の活荷重の繰り返し作用による性能低下の加速が懸念される．このため，各構造物に水の侵入が発生した場合，その影響を最小限に抑えるため，速やかに構造内の水を外部に排出するシステムを整備しておく必要がある．

　このような背景から土木学会複合構造委員会では2011年1月〜2013年6月に「複合構造を対象とした防水・排水技術研究小委員会（H210）」を設置し，その当時の現状について取りまとめ下記のような指摘を行っている．

【合成床版の防水・排水に関して】

✓　鋼板・コンクリート合成床版への水の侵入・滞留に関するリスクについて取りまとめを行い，注意すべき点の整理を行った．

✓　今後検討すべき課題点について取りまとめを行った．主なものとしては，①舗装も含めた修繕のサイクルの設定や修繕方法，②各種排水設備の配置計画の立て方やその性能確認方法，がある．

【鋼・コンクリート接合部における防水に関して】

✓ 鋼とコンクリートおよび水が接触する「トリプルコンタクトポイント」を起点とした腐食損傷の発生・進行に関する各種文献を調査し，着目点として次のものがあることを確認した．

> トリプルコンタクトポイントにおける腐食メカニズム
> 実構造における鋼とコンクリートの付着力の大きさによる影響
> 各種防水システムの耐久性
> トリプルコンタクトポイントにおける腐食進行過程とそれを再現するための促進試験法

✓ トリプルコンタクトポイントの構造を再現したモデルに対する防水性能確認試験を実施し，コンクリート中に発生する腐食損傷を起点として鋼板とコンクリートの付着が損なわれ，腐食損傷が加速的に進行することを確認した．鋼板とコンクリートの付着の確保や腐食因子の侵入の防止が有効な対策として考えられる．

これらの結果を受けて土木学会複合構造委員会では 2015 年 8 月に「維持管理を考慮した複合構造の防水・排水に関する調査研究小委員会（H214）」を設置した．この委員会では次の各項目について調査研究を進めるための WG を設置した．

1) 一般的な技術者の防水・排水に対する意識の把握と課題の抽出（WG1）
2) 合成床版をはじめとするコンクリート系床版に用いる排水装置の現状と課題の整理（WG2）
3) トリプルコンタクトポイントにおける防水システムの性能評価手法の検討（WG3）

この小委員会では WG1 を中心としてアンケート調査を実施している（結果は第Ⅱ編 2.4 と付録に掲載）．アンケートの内容は大きく「橋梁の防水・排水」に関する部分（付録）と「トリプルコンタクトポイント」に関する部分（第Ⅱ編 2.4）により構成されている．アンケートの集計結果の概要は次のように解釈された．

橋梁の防水・排水に関するアンケート調査では床版に対する防水工の設置は必要であるとの認識が広がっていることが確認された（**付図 6**）．これに対し，実際に防水工の施工状況を質問したところ，「20%未満」が 34%，「20%以上 40%未満」が 16%，「40%以上 60%未満」が 14%，「60%以上 80%未満」が 12%，「80%以上」が 24%となっており（**付図 9**），防水工の設置が規定された平成 14 年以降の新設橋梁や補修の大規模修繕を行った橋梁以外の橋梁では防水工の施工が進んでいないことが確認される．また，排水工が機能している橋梁の割合について質問したところ，「20%未満」が 29.2%，「20%以上 40%未満」が 16.7%，「40%以上 60%未満」が 33.3%，「60%以上 80%未満」が 14.6%，「80%以上」が 6.3%となっている（**付図 11**）．この回答には排水ますの詰まりなども含まれていると考えられ，橋面の清掃等の日常のメンテナンスの不足が反映されている可能性がある．使用されている防水工の種類はアスファルトシート系が大半であり，ウレタン防水や複合防水等の比較的新しい防水工の普及はそれほど進展していないことがわかる（**付図 12**）．これらの維持管理に関して質問したところ，大半の回答が「容易でも困難でもない」と回答しているが，これは問題がないということを意味しているのではなく，設問(18)でみられるように「そもそも方法がわからないので実施していない」可能性が十分にあるとみてよいのではないかと考えられる（**付図 18**）．また，排水関係のデバイスに関してはその多くが「設置する必要がある」と認識されているのに対して，点検や補修・更新の方法や評価方法等がわからないという回答（20.4〜63.3%）が費用に関する回答（8.2〜14.3%）を大きく上回るという結果（**付図 24**）となっており，排水工の性能評価や補修・更新手法の確立が大きな問題であることがわかる．

トリプルコンタクトポイントに関するアンケート調査ではトリプルコンタクトポイントへの対策がなされているケースはまだまだ少数（32%，第Ⅱ編**図 2.4.1**）であり，対策の必要性に関しての発信が必要であ

ることがわかる．トリプルコンタクトポイントにおける損傷の有無に関する設問（10）では 16%が「トリプルコンタクトポイントに損傷が認められた」と回答しており（第Ⅱ編図2.4.5），損傷が認められなかったと回答した回答者の中でも 59%が「損傷の発生を気にかけている部位がある」と回答している（第Ⅱ編図2.4.6）．これらのことから，前小委員会（H210）に続いてトリプルコンタクトポイントにおける損傷の発生・進展メカニズムとその防止方法や補修方法に関する検討が必要であることがわかる．

　以上のアンケートの結果から本小委員会では調査・研究の焦点を絞った活動を展開することができたものと考えている．本報告書では特に WG2 と WG3 の研究成果を第Ⅰ編，第Ⅱ編にまとめた．これらの成果が読者諸氏の参考となれば幸いである．

2020 年 3 月

土木学会　複合構造委員会

維持管理を考慮した複合構造の防水・排水に関する調査研究小委員会

委員長　大西　弘志

土木学会　複合構造委員会
維持管理を考慮した複合構造の防水・排水に関する調査研究小委員会

委員名簿

委 員 長	大西　弘志	岩手大学
幹 事 長	谷口　望	前橋工科大学
WG主査	国松　俊郎	株式会社竹中道路
	佐々木　厳	国立研究開発法人土木研究所
	西　弘	株式会社CORE技術研究所
委　員	石田　学	太平洋マテリアル株式会社
	石原慎太郎	みらい建設工業株式会社
	大垣賀津雄	ものつくり大学
	大久保藤和	太平洋マテリアル株式会社
	黒澤　弘光	株式会社ダイヤコンサルタント
	近藤　拓也	高知工業高等専門学校
	坂口　孝次	株式会社大阪防水建設社
	佐藤　正浩	秩父産業株式会社
	田畑　晶子	阪神高速道路株式会社
	塚本　真也	東亜道路工業株式会社
	中島　章典	宇都宮大学
	櫨原　弘貴	福岡大学
	堀江　一志	株式会社ダイフレックス
	吉田　直人	東日本旅客鉄道株式会社
	綿谷　茂	ニチレキ株式会社
連絡幹事	溝江　慶久	川田工業株式会社
旧 委 員	石澤　俊希	東日本旅客鉄道株式会社
	大島　博之	東日本旅客鉄道株式会社
	金子　勝	太平洋マテリアル株式会社
	森端　洋行	ニチレキ株式会社

複合構造物の防水・排水技術 —水の侵入形態と対策—

目 次

第Ⅱ編　トリプルコンタクトポイントに関する現状と課題

第Ⅰ編　床版の排水装置に関する現状と課題

第 1 章　はじめに

1.1　目的

　コンクリート床版，鋼コンクリート合成床版は，水浸状態で輪荷重疲労を受けると耐久性が大きく低下することから，防水や排水のための様々な対策がなされる．道路橋では，「道路橋鉄筋コンクリート床版防水層設計・施工資料」が昭和 62 年に刊行されるなど，床版防水層の開発と普及が進んできた．さらに，「橋・高架の道路等の技術基準」（以下，「道路橋示方書」と称す）の平成 14 年の改訂において，アスファルト舗装を施工する床版については床版防水層等の設置が原則とされた．土木学会では，道路橋床版防水システムガイドライン（案）などにとりまとめられている．

　これら防水工に関する技術資料は，床版防水層等の水の"侵入"防止に着目し，これを目的としている．侵入防止としての防水工は，試験室内では非常に良好な成績を残しており，理想的な設計と施工がなされれば水の影響をかなり排除することが可能である．しかし，現状では種々の事情により確実に防水工の性能を確保できる施工がなされているとは限らないほか，想定しない経路や形態による水の侵入もある．たとえば，高欄や地覆から水がまわりこむこともあるほか，日々の温度変化に伴い水蒸気が結露し蓄積されることもあるなど，防水層とその端部処理だけで水の侵入を完全に遮断することは困難である．このため，床版内に一旦侵入してしまった水をすみやかに排出するための排水装置が重要となるが，これらに関する工法は歴史も浅く未だ発展途上であり，排水工に関する技術情報も十分に整理されていない．

　鋼コンクリート合成床版は，鋼板等とコンクリートが一体となって挙動する構造で，鋼板で外殻が覆われたものが多い．このため，いったん侵入した水は有効な出口がないと滞留し続けることとなる．さらに，鋼とコンクリートの接合部の荷重伝達を確保するために内部に様々なリブ形状を有することがあり，これらの補剛材は浸透水を誘導したり滞留させたりすることとなりやすく，床版内での水の移動や貯留状態が複雑なものとなりやすい．鋼コンクリート合成床版においては，とりまく水の動きを適切に把握するとともに，排水装置の設置等の排水に対する配慮がとくに重要となる．

　複合構造委員会の「複合構造を対象とした防水・排水技術研究小委員会」（以下，H210 委員会と称す）では，床版に水分が侵入し滞水することをリスクと捉え，原因となり得る事象を発現可能性の大小に関わらず可能な限り細分化して分類した．H210 委員会の平成 25 年の報告では，水が侵入しないための防水や止水は当然ながら重要であるものの，これを確実に達成するのは不可能であり，排水側の対策について考慮することが不可欠であると指摘している．ところが，侵入経路・形態や床版内の水の動きについては調査検討が進んでいるものの，デバイスとしての排水装置とその材料工法，補修時の対応などについては網羅されていない．水の侵入形態と移動経路を整理し，排水を促す技術の要件を明らかにすることが不可欠であり，路面の雨水を効率的に排水するための路面排水の要件などもあわせて整理し，床版滞留水の留意事項を確認する必要がある．

　本報告では，コンクリート床版や鋼コンクリート合成床版について，床版内に浸透し滞留している水を効果的に排水するための技術の現状と，水の動きに関する調査事例から解決すべき課題を整理する．

1.2　床版の防水と排水

1.2.1　床版内の滞水防止と排出

　性能に優れた防水工が普及しているが，試験室内では非常に良好な成績を残しているものの，現状では種々の事情により確実に防水工の性能を確保できる施工がなされているとは限らない．また，高欄や地覆，外面や裏面からの侵入，水蒸気として拡散侵入し結露するなど，防水工のみでは防ぎきれない形態による滞水もある．図1.2.1は，鋼コンクリート合成床版を例に，浸水リスクとして注目すべき箇所を示したものであるが，床版防水層が健全な状態で維持されたとしても床版内の滞水状態が排除できないことは生じうる．したがって，構造体の内部に水分が侵入してしまった場合の対応として排水工も併設し，水分の影響が永く構造物に留まることがないようにする必要がある．

　構造物の維持管理を考えたときには，防水・排水装置の現況と健全性の確認，これら装置等の修繕や更新について検討できていないことも問題である．防水・排水技術を実際に活用する際に，新設構造物には適用できても既設構造物には適用できないという事態を招く可能性が高く，実際にもそのことを理由として一部技術の適用が躊躇される場面がある．各種防水・排水技術について維持管理に伴う更新を含め，補修設計や維持管理に関する各種技術の現状を整理した．

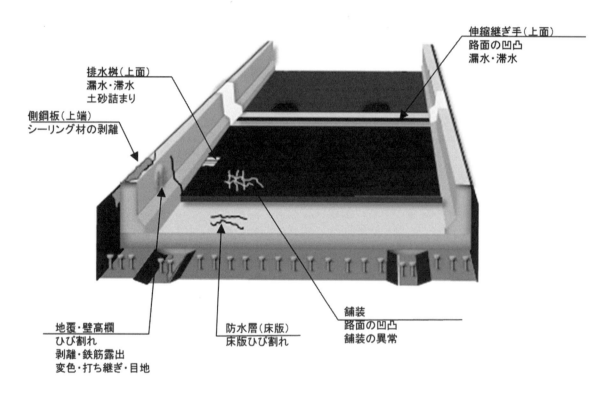

図 1.2.1　床版上面側の浸水リスク評価において注目すべき箇所[1]

［文献 1)　土木学会，複合構造物を対象とした防水・排水技術の現状，複合構造レポート07，図 3.1.8，p. 26，2013.7.］

1.2.2 防水工・排水工の分類と装置構成

道路橋は，舗装，床版のほか，地覆や高欄といった様々な部材から構成される，それぞれの部材内に水が浸透して移動するほか，部材間の界面が水みちになりやすい．このため，それらの箇所において防水・排水のための対策がなされる，これらの対策は，**図 1.2.2** に示す様々な装置群により構成される．

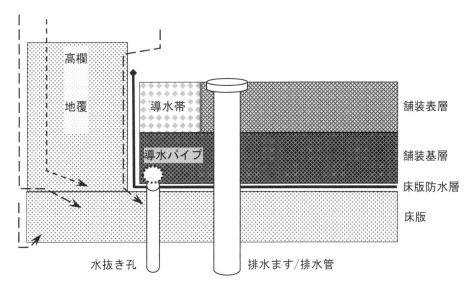

侵入経路や滞水位置	水の状態	対応する排水装置等
舗装面→路側→排水ます	路面雨水	排水ます，排水管
表層下端（基層表面）	舗装浸透水	導水帯，排水ます
基層下端（＝防水層上面） →導水パイプ→水抜き孔	舗装浸透水	<u>導水パイプ，</u> <u>水抜き孔</u>
床版上面（＝防水層裏面）	浸透水（漏水）	（水抜き孔）
床版コンクリート内：垂直	舗装浸透水	<u>水抜き孔</u>
床版コンクリート内：水平	床版浸透水	<u>床版内部の排水装置</u>
高欄，ジョイント，その他	側面等からの浸透水	被覆材，<u>止水材</u>，<u>目地材</u>，<u>水切り</u>

下線：　本編で主対象としたもの

図 1.2.2　橋梁床版の防水・排水のための装置類

橋梁部材とともに設置される防水・排水工のうち，防水と排水の対策を明確に区分することはできないが，床版防水層や止水材が防水のための材料であり，それ以外の装置群は排水のためのものとなる．このうち，水の形態としては，①路面雨水，②舗装浸透水，③床版浸透水と，④高欄や地覆など側面等からの侵入水に分けることができる．

①路面の雨水排水：　　　　　　排水ますと排水管
②舗装内排水（防水層上）：　　導水パイプ，床版防水層，水抜き孔
③床版内排水（防水層下）：　　水抜き孔，床版内部の排水装置，その他の排水装置
④高欄・地覆・ジョイント等：コンクリート露出部表面被覆，水切り材，桁端排水，目地材，
　　　　　　　　　　　　　　　シール材，支持具等

　路面排水は，交通の安全確保のためのものでほぼ確立した工種であり，基準等の資料も整備されている．舗装浸透水の排水は，床版防水層として一般化し，排水性舗装の普及に応じて導水帯や舗装内の導水パイプなどに対応するように改訂もなされ「道路橋床版防水便覧（（公社）日本道路協会）」等の技術資料に整理されている．一方，床版内に設置される排水装置や，高欄や地覆際をはじめとした止水のための材料は，橋梁や舗装の資料中に散発的に解説されることはあっても，まとまった資料として整理されることはほとんどなく，それらの設置基準や設計施工方法も経験的なものをはじめ様々に対応されることが多いとみられる．

　本編では，まず路面排水のための排水ます等の装置（以下，路面排水装置と称す）を概括したうえで，舗装内および床版内に設けられる排水装置（以下，「床版排水装置」と称す）を主な対象としてとりあげ，技術の現状と課題を整理する．

参考文献

1)　大西弘志，谷口望，櫨原弘貴，佐々木厳，溝江慶久ほか：複合構造物を対象とした防水・排水技術の現状，複合構造レポート07，土木学会，2013.

（執筆者：佐々木　厳）

第2章　排水装置の現状

2.1　概要

　床版の耐久性を確保するためには，床版内に侵入する水を遮断することに加えて，床版内に滞留してしまった水を速やかに排出することが重要である．その排水のための装置類は，舗装内導水パイプや床版水抜き孔が代表的なものとなっており，床版の損傷問題や排水性舗装の拡大とともに，近年普及が進みつつある．本章では，これらを床版排水装置と称し，設置基準の変遷，平面配置の考え方，材料や施工法，補修時適用の対応などについて整理した．床版排水装置は，舗装表面よりも下に存在する水に対して設置されるもので，路面上に設けられる排水ますとそれに接続される排水管とは別のものであるが，水の処理として不可分なものであるほか，管路の流末が接続されることも多いことから，路面排水装置についても基準等の技術の現状をあわせて整理した．

2.2　路面排水装置の設置基準

　路面排水装置は，主として橋梁上の交通の安全確保のために設けられるものであるが，橋面に降った雨水を処理する点においての原理原則や経験的な知見が網羅された技術として整理されている．路面排水の設置基準は，床版排水装置の設計等の考え方においても水処理方策の参考情報として不可欠な技術情報であり，技術基準等の現状を整理した．

2.2.1　路面排水装置の適用条件

(1) 橋梁規格等による排水装置の設計

　排水装置の設計については，発注者（国土交通省・高速道路会社・地方自治体等）で独自の設置基準，図集が設定されており [1]~[6]，それらを参照して設計を行う必要がある．

　北海道開発局，東北地方整備局などの高規格幹線道路では，旧日本道路公団が行った積雪寒冷地における排水ますの実態調査を踏まえ，路面排水の速やかな排水と排水ます間隔を大きくすることから長尺排水ますを使用するものとある．

(2) 気象条件

　排水ます間隔を決定するにあたり，降雨強度についてはとくに特性係数法による降雨強度と路面排水施設などに用いる標準降雨強度（**図 2.2.1**）があるが，「道路土工　排水工指針（（社）日本道路協会）」[7]に準拠する場合，標準降雨強度を用いる．

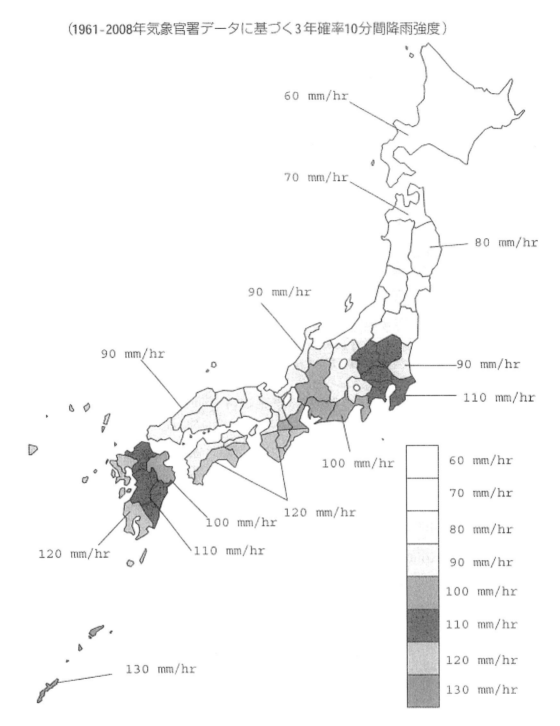

図 2.2.1　路面排水工等に用いる標準降雨強度（3 年確率 10 分間降雨強度）[8]

［文献 8）　（一社）日本橋梁建設協会　鋼橋付属物の設計手引き（改定 2 版），平成 25 年 3 月，p.2-7］

2.2.2　路面排水装置の平面配置の考え方

　路面排水装置は交通の安全確保としての表面水の処理であり，本報告の主題である舗装内や床版防水の下側に滞留した水とは移動形態は異なる場合もある．そのため，流速等の速度論や物質移動形態の相違に留意しつつも，路面排水の平面配置の考え方の原則は，床版排水装置（舗装内や防水層下）の設計等の考え方において不可欠な技術情報である．既往の技術資料から，設置間隔や設置位置について整理した．

(1) 設置間隔

　排水ます間隔の設計手順の例を**図 2.2.2**に示す．「道路土工　排水工指針（（社）日本道路協会）」[7]，「北海道開発局道路設計要領」[1]では，排水ますの設置間隔は 20m 以下を基本とするとある．高速道路会社の橋梁では，排水ますの間隔は最大でも 50m 程度としている．

　「北海道開発局道路設計要領」[1]，「鋼橋付属物の設計手引き（改定 2 版）（（一社）日本橋梁建設協会　平成 25 年 3 月）」[8]などで，排水ます間隔を計算で求める場合，設計諸条件から計算式により設置間隔を**図 2.2.2**の要領で決定できるとしている．「道路土工　排水工指針」等に準拠した計算式による必要間隔長が橋脚間隔より長くなる場合には，各橋脚位置で排水するものとし，また，計算式による必要間隔が橋脚間隔より短い場合でも，できる限り桁腹板に添わせた導水管が短くなるように排水ます位置の計画を行うものとしている．

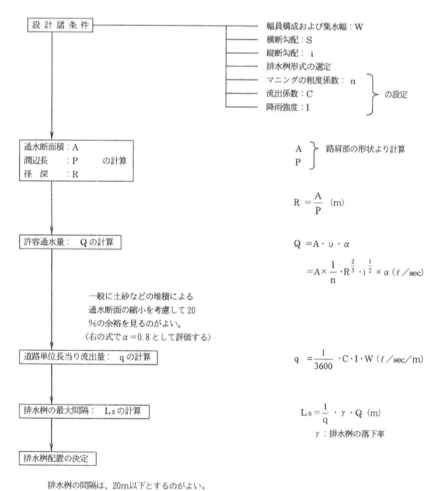

図 2.2.2　排水ます設置の設計フローチャート [8]

［文献 8)　（一社）日本橋梁建設協会　鋼橋付属物の設計手引き（改定 2 版），平成 25 年 3 月，p.2-5］

(2) 設置位置（縦断勾配）

　各発注者の設置基準や「鋼橋付属物の設計手引き（改定2版）（（一社）日本橋梁建設協会　平成 25 年 3 月）」[8]では，橋面排水の縦断勾配が谷部となる場合，図 2.2.3 のように，谷部の中央に必ず排水ますを設け，その両側に現地状況に即して排水ますを3〜5m 程度の間隔で設置するとある.

　橋面排水の縦断勾配が山部となる場合には，その頂部に排水ますは配置せず，その頂部より 2.2.2(1)によって求められた設計ますピッチ等で配置する.

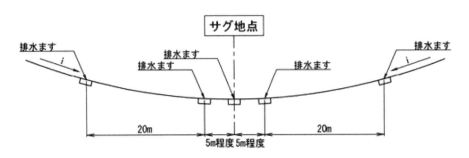

図 2.2.3　サグ地点の排水ますの配置例 [2]

［文献 2)　国土交通省東北地方整備局　設計施工マニュアル（案）［道路橋編］，平成 28 年 3 月，p.2-64］

(3) 床版端部の設置位置

　伸縮装置付近では，縦断勾配の高い側に図 2.2.4 のように排水ますを設置する.

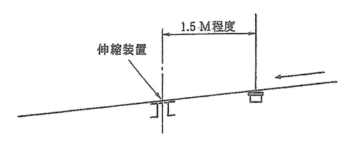

図 2.2.4　伸縮装置付近の排水ます配置 [8]

［文献 8)　（一社）日本橋梁建設協会　鋼橋付属物の設計手引き（改定 2 版），平成 25 年 3 月，p.2-2］

(4) 変曲点付近の設置位置

「鋼橋付属物の設計手引き（改定2版）（（一社）日本橋梁建設協会　平成25年3月）」[8]では，緩和曲線区間およびS曲線区間の変曲点（横断勾配が水平またはこれに近くなる箇所）付近には，**図2.2.5**のように車道の両側に排水ますを設置するとしている．

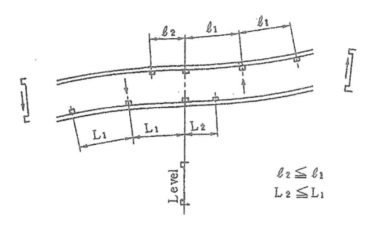

$$\ell_2 \leqq \ell_1$$
$$L_2 \leqq L_1$$

図2.2.5　変曲点付近の排水ますの配置[8]

［文献8)　（一社）日本橋梁建設協会　鋼橋付属物の設計手引き（改定2版），平成25年3月，p.2-2]

また，国土交通省東北地方整備局の「設計施工マニュアル（案）[道路橋編]（平成28年3月）」[2]では，変曲点付近では路肩折れ（2.0%）を行って通水断面を確保するものとし，路肩折れの始まる地点には流末処理として排水ますを設ける（**図2.2.6**）とある．

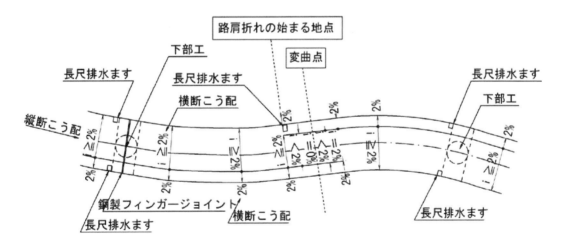

図2.2.6　変曲点付近の排水処理[2]

［文献2)　国土交通省東北地方整備局　設計施工マニュアル（案）[道路橋編]，平成28年3月，p.2-65]

(5) 橋体および付属物との干渉

　橋体（上部工・下部工とも）および付属物（検査路・添架物・落橋防止装置・変位制限装置など）に対して排水ますおよび排水管の位置が重なるなど干渉しない位置とする．とくに主桁間に排水ますが設置される場合，横構部材や付属物に排水管が干渉する（**図 2.2.7**）ことがあるため注意する．

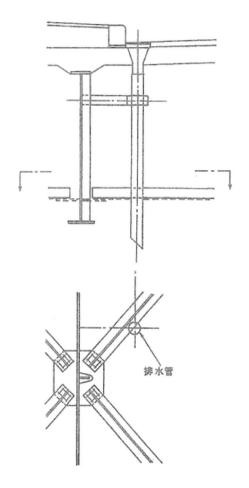

図 2.2.7　排水管干渉例 [8]

［文献 8)　（一社）日本橋梁建設協会　鋼橋付属物の設計手引き（改定2版），平成25年3月，p.2-2]

2.2.3　排水管流末の処理

(1) 排水管材料

　排水管材料は塩化ビニル管（VP）が一般的であり，冬季凍結のおそれがある地域では強度面（つらら（**写真2.2.1**），管内水凍結による割れ）に対応するため，鋼管を使用する場合があるが，このような地域では橋面水に含まれた凍結防止剤等に対する防錆・防食（内外面）の検討が重要である．**写真2.2.2**に排水管の腐食事例を示す．また，塩化ビニル管よりも耐食性，耐低温性，耐高温性に優れたFRP管も検討できるが，周方向繊維配置に注意し，塩化ビニル管と同等の耐圧性能を確保することが重要である．

写真2.2.1　厳冬期のつらら[3)に加筆]

写真2.2.2　排水管の腐食[3)に加筆]

［文献3)　国土交通省東北地方整備局，新設橋の排水計画の手引き（案），平成26年10月，p.27］

(2) 排水管の流量と管径

　排水管の管径は，横方向がϕ200 mm以上で設計流量と土砂等の堆積による閉塞を考慮した 3.0 以上の安全率が標準である．縦方向はϕ150 mm以上（ボトルネックを作らないため横配管と同一が望ましい）とし，1つの鉛直排水管に集水される流出量の合計が許容流量以下であることが標準である．流量から管径を設計する高速道路会社の要領を**図 2.2.8** に示す．

① 横引き排水管

　横引き排水管の許容流量は，次式により算出する。

$$Q_3 = V \cdot A / F = \frac{1}{n} R^{2/3} \cdot I^{1/2} \cdot A / F \quad \cdots\cdots \text{式(7-4-6)}$$

ここに，　Q_3　：横引き排水管の許容流量（m³/sec）

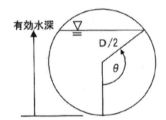

図 7-4-10　円形排水管の通水

　　　　　　V　：流速（m/sec）

　　　　　　A　：通水断面（m²）（水深を考慮，80%以下とする）

　　　　　　F　：通水安全率（3.0以上とする）

　　　　　　R　：径深（m），$R = A / S$

　　　　　　I　：勾配

　　　　　　n　：粗度係数（塩化ビニル管では0.01としてよい）

　　　　　　S　：潤辺（m）（円形断面の場合，$S = D \cdot \theta$）

　　　　　　D　：**図7-4-10**に排水管の内径（m）

　　　　　　θ　：**図7-4-10**に示す有効水深に相当する角度（rad）

　排水管の大きさは，流量だけでなく，そこを流下する異物の大きさや，土地の埋積による断面減少，維持補修上の余裕等を考慮し，適当な安全率を考えて決定する。通常，この安全率は2～6（家屋2，都市道路6）であるが，3.0以上を標準とする。また，有効水深は過去の実績などを考慮し，内径の80%以下とした。なお，横引き排水管の許容流量Q_3は流出量Q_1以上で無ければならない。

② 鉛直排水管

　鉛直排水管の許容流量は，次式により算出する。

$$Q_4 = a \cdot h^b \quad (10m \leqq h \leqq 50m) \quad \cdots\cdots \text{式(7-4-7)}$$

$$Q_4 = a \cdot 10^b \quad (h < 10m) \quad \cdots\cdots \text{式(7-4-8)}$$

ここに，　Q_4：鉛直排水管の許容流量（m³/sec）

　　　　　　h　：排水管設置高さ（m）　ただし，$h \leqq 50m$

　　　　　　　　排水管設置高さとは，橋脚天端付近の伸縮継手から流末までとする。

　　　　　　a，b：断面形状・寸法により決まる係数で，**表7-4-1**に示すとおりとする。

　なお，鉛直排水管の許容流量Q_4は流出量Q_1以上で無ければならない。

表 7-4-1　鉛直排水管の許容流量を算出するための係数

断面形状・寸法		ϕ150	ϕ200	□200×100	□250×150
係数	a	0.135	0.387	0.070	0.319
	b	-0.387	-0.615	-0.292	-0.594

図 2.2.8　設計流量と許容流量 [6]

［文献 6）　東日本・中日本・西日本高速道路株式会社，設計要領第二集　橋梁保全編，令和元年 7 月，p.7-101,102]

(3) 排水管，床版水抜き孔の流末

　排水ますから橋梁下部の排水施設まで，漏水なく速やかに排水管を導かなければならない．とくに冬季に凍結のおそれがある地域では，滞水，漏水により排水管の凍結による損傷が懸念される．また，凍結防止剤を含んだ水が流れ出して，**写真 2.2.3**，**写真 2.2.4** に示すように橋梁部材（桁，柱）の腐食を促進させる原因となる場合がある．

写真 2.2.3　箱桁内の漏水 [3)]

写真 2.2.4　腐食状況 [3)]

［文献 3)　国土交通省東北地方整備局，新設橋の排水計画の手引き（案），平成 26 年 10 月，p.19］

　床版水抜き孔は路面排水装置ではないが，排水管の流末とあわせてここで述べる．床版水抜き孔の流末は導水管を用い排水管等に接続するのが適切である．床版水抜き孔から凍結防止剤を含んだ排水が橋梁部材の腐食を促進させることがある．床版水抜き孔流末からの導水が不適切な場合には**写真 2.2.5** のように桁の腐食を引き起こすことがあるため，**写真 2.2.6** のように雨水排水管と同じく漏水なく速やかに排水を導くことが重要である．

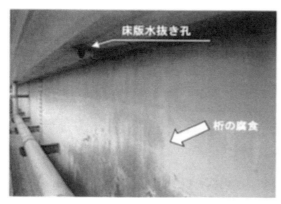

写真 2.2.5　床版水抜き孔導水管なし [3)]

写真 2.2.6　導水管接続状況 [3)]

［文献 3)　国土交通省東北地方整備局，新設橋の排水計画の手引き（案），平成 26 年 10 月，p.20］

2.3　床版排水装置の設置基準

　過去の知見や輪荷重走行試験等により床版の疲労損傷メカニズムが解明されており，耐荷力や長寿命化を図るためには，雨水や塩化物イオンの侵入防止としての床版防水層を適切に敷設することが必要であることがわかっている．そして，床版防水層上には雨水や塩化物イオンが滞留することになるため，その滞留水を床版（防水層）表面の低い箇所に集める舗装内導水パイプと，床版の下方に排出するための床版水抜き孔を適切に設け，速やかに排水することが求められる．床版排水装置としては，舗装内導水パイプや床版水抜き孔が代表的なものであり，既往の技術資料に，平面配置の考え方，材料や施工法，補修時適用の対応などが示されている．ここでは，これらの床版排水装置設置基準等を収集整理した．

2.3.1　床版排水装置の適用条件

　昭和62年に「道路橋鉄筋コンクリート床版防水層設計・施工資料（日本道路協会）」が発刊された．近年では床版防水に関する材料や工法等の技術開発が進展したこともあり，新たに平成19年に「道路橋床版防水便覧（（公社）日本道路協会）」が発刊され要求性能，設計・施工等について定められている．床版防水層については様々な試験により性能が明確化されているものの，床版水抜き孔の設置間隔等は過去の事例に従って決められているのが現状である．

　垂直方向の床版水抜き孔の変遷を，指針や設計要領への記載を中心に**表2.3.1**に整理した．水抜き孔は，昭和50年代末にヨーロッパでの事例が紹介されたことに始まるとみられ，昭和60年代から具体的な報告がなされるようになり，平成になると建設省や自治体の設計に取り入れられるようになった．これらを受けて，「道路橋床版防水便覧」や道路公団等の要領にも具体的に記載されるとともに，土木学会の「道路橋床版防水システムガイドライン（案）」でも解説されている．

　適用条件としては，床版の勾配に応じて設置間隔を示すものがほとんどであるが，その根拠を理論的に明確に説明したものは見当たらず，いずれも海外の事例や経験的な知見をもとに提示しているものとみられる．

　現状の床版水抜き孔の設置間隔は，路面勾配1%以下では5m，それ以上の勾配では10mとしている．これは，路面勾配の違いによる床版上の浸透水の平面移動速度が異なることを考慮したものと推定される．また縦断勾配ではなく，縦断曲線やサグ（凹部）を考慮した床版の勾配により設置間隔を決定することも示されている．他に，ランプ等の合流部で勾配が確保できない箇所や路面勾配がサグ状になっている箇所，伸縮装置付近では適宜床版水抜き孔を設けることが推奨されている．

表 2.3.1　コンクリート床版の水抜き孔の技術資料における記載内容の変遷

西暦	和暦	要領及び報告書名	床版水抜き孔の具体的な記載
1973	S48	道路橋鉄筋コンクリート床版の損傷等を背景に，道路橋示方書にRC床版の設計基本を記載。(日本道路協会)	
1978	S53	道路橋鉄筋コンクリート床版の設計・施工について(建設省通達) RC床版の損傷に関する実験報告(第32回建設省技術研究会報告)	
1982	S57	道路橋鉄筋コンクリート床版のひびわれ損傷と疲労性状(土木学会論文第321号)	
1983	S58	RC床版の繰り返し劣化と水の影響(セメントコンクリートNo.433)	
1984	S59	道路橋鉄筋コンクリート床版の設計・施工指針(建設省通達)	
1985	S60	橋梁コンクリート床版水抜きパイプの開発と適用(橋梁 Vol. 21) 縦断勾配／ピッチ 1%以下／5m 1〜3%／10m 3%以上／15m	○
1987	S62	道路橋鉄筋コンクリート床版　防水層設計・施工資料(日本道路協会) 移動荷重を受ける道路橋RC床版の疲労強度と水の影響について (コンクリート工学年次論文大阪大学・松井)	○
1991	H3	橋面舗装工、防水工、排水工の設計について(建設省中部地建　事務連絡) 縦断勾配(12%)／設置間隔ℓ(m) 1%以下／5m 1%を越える場合／10m	○
1993	H5	舗装の維持修繕要領(茨城県土木部) 縦断勾配(%)／設置間隔ℓ(m) 1%以下／5〜15 1%を越える場合／10〜20	○
1994	H6	コンクリート床版防水工(日本道路公団　試験研究所技術資料　第124号)	○
		道路橋示方書　改訂　(日本道路協会)	○
		舗装設計施工基準(高架橋・トンネル編)(首都高速道路厚生会)	○
1996	H8	床版上の排水構造について(建設省関地建　道路工事課　設計要領) 一般／縦断勾配／設置間隔(m) 1%を越える／10 1%未満／5 鋼床版、鋼製排水溝調整Co下／20	○
		排水性舗装技術指針（案）（日本道路協会）	○
1998	H10	設計要領　第二集　4.橋面排水装置	○
2000	H12	設計施工マニュアル(橋梁編)　建設省　東北地方建設局 排水パイプは、おおむね10m間隔に設置するほか、合成勾配により水の集中する箇所、及び床版端部に設置するものとする。	○
2001	H13	防水システム　設計・施工マニュアル(案)（日本道路公団　橋梁研究室）	○
2007	H19	道路橋床版防水便覧(日本道路協会) 縦断勾配／設置間隔ℓ(m) 1%以下／5 1%を超える場合／10	○
2012	H24	道路橋床版防水システム　ガイドライン（案）（土木学会) 縦断勾配／設置間隔(m) 1%以下／5 1%を超える場合／10	○
2016	H28	道路橋床版防水システム　ガイドライン2016　(土木学会) 縦断勾配／設置間隔(m) 1%以下／5 1%を超える場合／10	○

2.3.2　床版排水装置の平面配置の考え方

(1) 導水方法

アスファルト舗装の浸透水や経年劣化によるひび割れ，アスファルト舗装の施工目地や舗装と地覆・防護柵との境界面から侵入した雨水を，水平方向の排水装置により集水し，床版の水抜き孔や排ますより床版下面へ垂直方向に排水する．

a) 水平方向の排水装置（導水パイプ）

水平方向の排水装置は，床版上の水を水平方向に排水する装置で，一般に，地覆と床版が接する角部である入隅部等に設置し，床版防水層上面の舗装内部の水を排水ますに導水するものである（**写真 2.3.1**）．また，床版上の局所的な凹部から集水するような用途にも利用されている．補修においては，漏水や地覆等での滲出水への対策として，床版防水層の下側に配置することもある．

写真 2.3.1　水平方向の排水装置（導水パイプ）[9]

[文献 9)　土木学会，複合構造物を対象とした防水・排水技術の現状，複合構造レポート 07，図 3.3.5，p. 73，2013.7.]

b) 垂直方向の排水装置（床版の水抜き孔）

床版の水抜き孔とは，床版等の構造物を鉛直方向に貫通して橋面上の浸透水を導水する金属製もしくは樹脂製の管状の部材であり，通水断面は直径 30～50mm 程度のものが用いられる．

新設橋梁に設置する場合には，あらかじめコンクリート打設時や工場製作時に鉄筋等とともに埋め込む．修繕工事の場合には，コアボーリングマシンにより削孔し，床版水抜き孔を吊り下げて樹脂等により埋め戻す．PC 床版にはコア削孔できないことが多いため，**図 2.3.1** のように地覆側面に導水することもある．

c) 排水ますの孔あけ

排水ますが設けられている橋梁ならば，排水ますの側面に孔をあけて水平方向の排水装置を導くことにより，舗装内部に浸透した雨水の排水を行うことが可能である．

既設の排水ますの多くは鋳鉄製であり，従来は酸素ランス棒を用いた酸素熔断で孔あけしていたが，周囲への火花養生が必要であるため，近年は専用機械によりドリルを用いて孔あけする工法も開発されているので施工箇所等の状況に応じて使い分ける．

密粒度アスファルト舗装からポーラスアスファルト混合物による表層をもつ排水性（高機能）舗装に変更した場合には，一般に導水帯内に設置される排水装置（導水パイプ）の流末を排水ます等に接続し流出させる．この場合，既設の排水ますを改良する必要がある．排水ますの削孔箇所の例を**図 2.3.2** に示す．

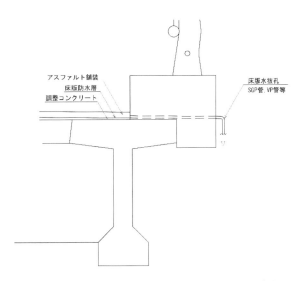

図 2.3.1　PC 床版等で地覆側面に導水する事例

・孔開けは縦断勾配の高い方の側面に2箇所行い，孔の大きさは20〜30mm程度とする。

・橋梁上にサグがある場合は，横断方向の車線側にも孔開けをするとよい。

・孔の位置が高いと滞水の原因となるため，孔の下端を床版面と同じ高さにすることが望ましい。

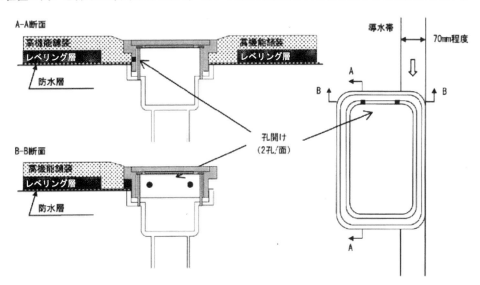

図 2.3.2　排水性舗装への変更に伴う既設排水ますの改良例 [6]

［文献 6)　東日本・中日本・西日本高速道路株式会社　設計要領第二集　橋梁保全編，令和元年 7 月，p. 7-108］

(2) 床版への設置位置

日本道路協会の「道路橋床版防水便覧」による設置例を**図 2.3.3**に，東日本・中日本・西日本高速道路会社の床版水抜き孔の設置例を**図 2.3.4**に示す．

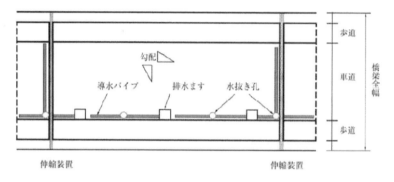

床版の水抜き孔設置間隔の規定の例

縦断勾配	設置間隔ℓ（m）
1％以下	5
1％を超える場合	10

図 2.3.3　床版の水抜き孔の設置例 [10]

［文献10)　（公社）日本道路協会，道路橋床版防水便覧，平成19年3月，p.45］

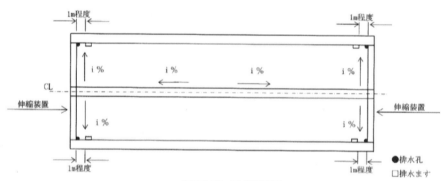

床版排水孔（設置平面図）

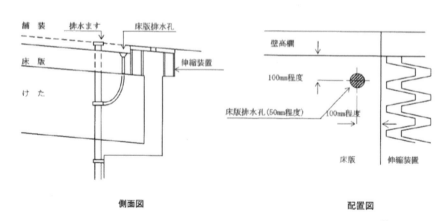

側面図　　　　　　　　　　　　　配置図

図 2.3.4　床版水抜き孔の設置平面図・側面図・配置図 [5]

［文献5)　東日本・中日本・西日本高速道路株式会社　設計要領第二集　橋梁建設編，平成28年8月，p.6-106］

a) 水平方向の排水装置の留意点

水平方向の排水装置は，基本的には地覆と床版が接する角部である入隅部の床版防水層上に設置する．また，床版の横断勾配が小さく横断方向への排水を促進させたい場合には排水装置を横断方向にも設置することがあるが交通荷重による沈下や変形等の影響を受けることから資材の選定には注意が必要である．

床版の局所的な凹部では，床版防水層上に滞水し，アスファルト混合物の剥離による破損が懸念されることから，テープ状の排水装置を用いて排水ますへ導水することもある．

地覆の構造や防水層の設置方法によっては防水層の下に排水装置を設置することもある（「**4.3.2 床版への水の侵入に関する不具合事例**　不具合事例①」参照）．

b) 床版の水抜き孔の留意点

高速道路株式会社では連続した床版の4隅の排水ますに浸透水を集水して排水ますに導水するが，既設橋梁や縦・横断勾配，サグ部等の条件により，また分岐・合流部では，床版の排水勾配が確保できないこともある．道路橋床版防水便覧の設置例も参考に，速やかに排水するための配置を行うことが長寿命化に繋がる．

また，舗装の大規模修繕時にはコンクリート床版の凹部に床版水抜き孔を設けることも有効であるが，輪荷重を想定していないものもあるため，床版水抜き孔の資材選定には注意が必要である．

床版水抜き孔からはアルカリ分や塩分を含んだ浸透水が流れ出ることとなる．このため，鋼橋の場合には，床版下方の鋼材が排水の影響を受けると，塗膜のみならず鋼材や摩擦接合継手に重篤な腐食を及ぼすことがある．添接板は水が滞留しやすいとともにすき間腐食等を生じやすく，**写真2.3.2**のように耐候性鋼材の場合にはこの影響はとくに重要となる．床版水抜き孔の流末管の脱落・破損を防止することが求められるが，破損発生事例も多くみられることから，設計上の配慮として主桁の添接板付近には床版水抜き孔を設置しないことが望ましい．床版形状等からやむを得ず添接板の近くに床版水抜き孔を設置する際は，流末管の折損対策がなされている金属製のものを用いることも対策の一つである．

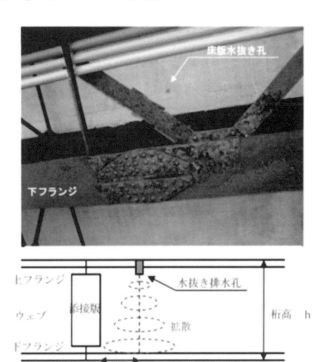

写真2.3.2　床版水抜き孔の影響により層状錆が発生した耐候性鋼材を使用した橋梁の添接部 [3]

［文献3）　国土交通省東北地方整備局　新設橋の排水計画の手引き（案），平成26年10月，p.22］

　第三者被害が発生するおそれのある箇所では，たとえば**図 2.3.5** のような落下防止対策が必須である．

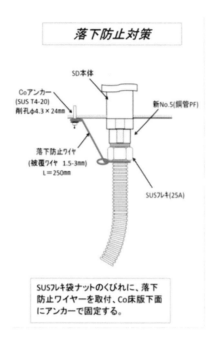

図 2.3.5　流末管の脱落対策の例 [11)]

2.4 排水装置の種類と施工

道路橋においては，床版内に水が入ると床版の劣化が進行しやすくなるため，舗装表面からの止水および床版上の防水による対策が必要である．一方で，止水・防水した水を滞留させないように効果的に排水する対策も必要となる．また，地覆やその他の構造物と舗装の境界部，床版下面からの水の侵入が考えられるため，そこへの止水・防水も重要となる．床版の防水・排水等の計画にあたっては，これらの考え方を取り入れ，床版の耐久性を維持できるようにしなければならない．

止水・排水に資する装置や資材について次に示す．

2.4.1 路面排水

(1) 排水ますと排水管の接続

排水ますの縦管部は，床版下面より 100mm 以上突出させ縦管連結部と連結させる．

施工誤差や橋面の縦断勾配，横断勾配などにより排水管と縦管連結部との取付けが困難な場合，縦管を排水管に差し込むのみとし，排水管のズレ防止のため首部に支持金物を設置するなど考慮する．

(2) 排水ます上面と舗装との取り合い

排水ますの上面は舗装表面より 5～20mm 程度低く設置し，周囲を舗装ですり付け雨水を誘導する．但し，水平に設置したとき，縦断勾配，横断勾配などにより舗装表面より低くなりすぎて自転車等の通行に影響が出る場合（舗装面より 30mm 程度まで）には，図 2.4.1 のように排水ますを勾配なりに設置するか，変形ますの採用を検討する．

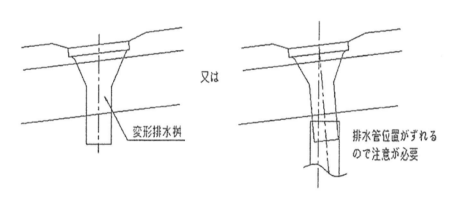

図 2.4.1 勾配の大きい場合の排水ます [8]

［文献 8) （一社）日本橋梁建設協会 鋼橋付属物の設計手引き（改定 2 版）平成 25 年 3 月 p.2-3］

(3) 排水ますと床版の鉄筋・部材との干渉

排水ますの設置により，鉄筋コンクリート床版の鉄筋が干渉し，切断する場合には，図 2.4.2 に示すように切断した鉄筋に相当する補強鉄筋を，排水ますの周囲に配置する．

鋼コンクリート合成床版に排水ますを配置する際は，合成床版のリブ間隔を考慮して配置する．また，排水ますの貫通部に対して補強を行う必要がある．

鋼床版においても，排水ます貫通部の周辺，縦リブの欠損に対して，補強を行う．

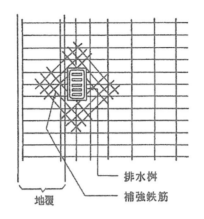

図 2.4.2 排水ます補強鉄筋の配筋例 [8]

［文献 8） （一社）日本橋梁建設協会 鋼橋付属物の設計手引き（改定 2 版）平成 25 年 3 月 p.2-3］

(4) 排水ますの蓋

排水ますの蓋が車両の通行により跳ね上がり，交通障害となった事例があることから，**図 2.4.3** のように排水ます本体と蓋とをボルトで固定するなどの対策を講じておく．

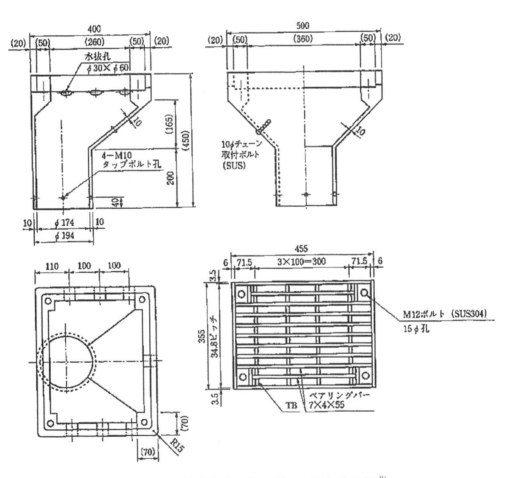

図 2.4.3 排水ますの蓋をボルト固定する例 [8]

［文献 8） （一社）日本橋梁建設協会 鋼橋付属物の設計手引き（改定 2 版）平成 25 年 3 月 p.2-6］

2.4.2　水平方向の排水装置（導水パイプ）

　舗装内の水平方向の排水装置は，一般に防水層を施工した後に**写真 2.4.1**のように構造物に沿うように設置され，その流末は排水ますに接続する．水平方向の排水装置には管状のものとテープ状のものがある．管状のものは導水パイプと呼ばれ，材質が鋼製と樹脂製のものがあり，それらの形状も有孔管，スパイラル管，メッシュ管のものがあり多様である．補修においては，漏水や地覆等での滲出水への対策として，床版防水層の下側に配置することもある（**図 4.3.2**の事例参照）．

　水平方向の排水装置は，①耐荷重性（舗装の施工時，交通荷重に対して変形しないこと），②通水性，③施工性（橋梁に追従すること），④耐熱性（舗装施工時に変形しないこと），⑤リサイクル性（舗装修繕時に切削できること）などの観点より使用目的に応じて選定するとよい．**表 2.4.1**に水平方向の排水装置の種類と使用目的の目安を示す．使用目的ごとに排水装置の設置概念図を**図 2.4.4**に示す．

写真 2.4.1　水平方向の排水装置の設置状況 [9]

［文献 9）　土木学会，複合構造物を対象とした防水・排水技術の現状，複合構造レポート 07，図 3.3.5，p.73，2013.7.］

表 2.4.1　水平方向の排水装置（導水パイプ）の種類と使用目的の目安

使用目的	導水パイプ （鋼製の管状排水装置）	導水パイプ （樹脂製の管状排水装置）	テープ状の排水装置
地覆と床版が接する入隅部での 排水（防水層上）	◎	◎	○
地覆と床版が接する入隅部での 排水（防水層下）			◎
道路横断方向への排水	○		○
床版の局所的な凹部からの排水			◎

凡例　◎：適用性が高い，　　○：適用は可能，　　無印：適用は考えられるが検討が必要

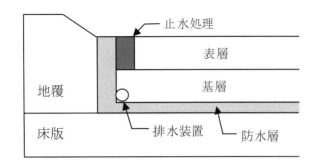

(a) 地覆と床版の入隅部(防水層上)での排水

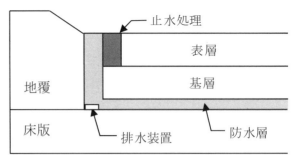

(b) 地覆と床版の入隅部(防水層下)での排水

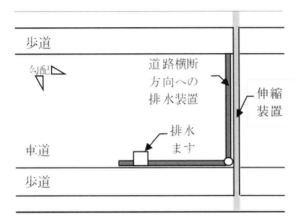

(c) 道路の横断方向への排水

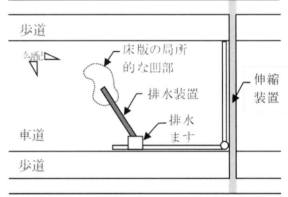

(d) 床版の局所的な凹部からの排水

図 2.4.4　水平方向の排水装置の設置概念図

(1) 導水パイプ-管状排水装置（鋼製）

a) 概要

鋼製の管状排水装置には，スパイラル管，有孔管がある．

有孔管の概念図を**図 2.4.5**に示す．有孔管は，金属製の管に孔を設けた構造であり，耐荷重性が極めて高く，舗設中に潰れることがなく所定の通水断面を確保できる．相応の流量が必要とされる箇所や，舗設作業でアスファルトフィニッシャが通過する位置に設ける場合などに適している．

スパイラル管の外観写真を**写真 2.4.2**に示す．スパイラル管は，金属をスパイラル状にした構造であり，耐荷重性が高く所定の通水断面を確保できる．管が曲がりやすいことから，曲線部での施工も比較的容易である．

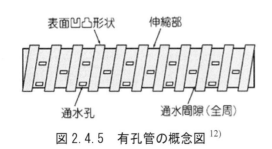

図 2.4.5　有孔管の概念図 [12]

写真 2.4.2　スパイラル管の例 [13]

b) 施工方法

通常は，**図2.4.6**に示すようにアスファルト混合物層内の水分を円滑に排出するために床版防水層の上に設置する．**写真2.4.1**に設置状況を示す．地覆と床版が接する角部である入隅部に沿って設置し，施工中に設置位置が移動しないようにテープ等により仮止めを行う．管の流末は排水ますに接続するが，舗装の施工時に抜けないように十分な長さを排水ますに差し込む必要がある．

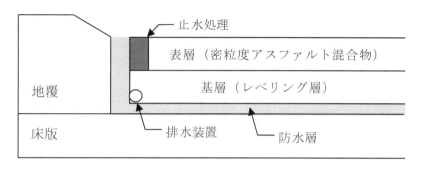

図2.4.6　導水パイプ（管状排水装置）の設置位置

(2) 導水パイプ-管状排水装置（樹脂製）

a) 概要

樹脂製の管状排水装置の多くは，**写真2.4.3**に示すように樹脂を網目状に織った構造であり，折り曲げやすく曲線部での施工が容易である．鋼製のものに比べ軽量で施工時の取り扱いも容易である．管径は 10〜30mm のものが流通しており，一般に，床版の排水装置としては，管径 10〜20mm 程度のものが利用され，20mm 以上のものは排水性舗装のドレーンとして利用されることが多い．歩道に埋設する場合には細めの管が利用されることが多い．近年は，舗装修繕の切削時に粉砕されるものも開発されている．

写真2.4.3　樹脂製の管状排水装置の例 [14),15)]

b) 施工方法

通常は，アスファルト混合物層内の水分を円滑に排出するために床版防水層の上に設置する．設置状況を**写真2.4.4**に示す．地覆と床版が接する角部である入隅部に沿って設置し，施工中に設置位置が移動しないようにテープ等により仮止めを行う．管の流末は排水ますに接続するが，舗装の施工時に抜けないように十分な長さを排水ますに差し込む必要がある．

写真 2.4.4　導水パイプ（樹脂製の管状排水装置）の設置状況

(3) テープ状の排水装置

a) 概要

テープ状の排水装置は，厚さが 3mm 程度の不織布による排水装置である（**写真 2.4.5**）．不織布の両面にはアスファルト系材料が塗布してあり，アスファルト混合物の舗設時の熱によりアスファルト混合物と一体化する構造のものが市販されている．**写真 2.4.6** に示すようにサイフォンの原理と毛管現象により多少の凹凸があっても排水できる．

通常は，**図 2.4.7** に示すようにアスファルト混合物層内の水分を円滑に排出するために床版防水層の上に設置する．厚さが薄いため，横断方向に設置してもアスファルトフィニッシャ等が支障なく通過することができ，中央部の水分を横断方向へ導水することができる．

勾配変更点，床版の不陸箇所など設計で予期できない水たまりが生じる箇所にも，必要に応じてテープ状の排水装置を設置するとよい．

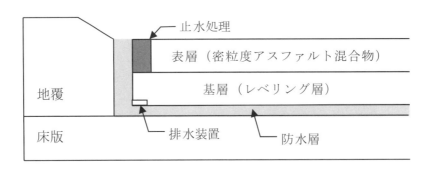

図 2.4.7　テープ状の排水装置の設置位置

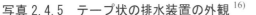

写真 2.4.5　テープ状の排水装置の外観 [16)]　　**写真 2.4.6　テープ状の排水装置の試験状況** [16)]

b) 施工方法

　橋面防水層上にテープ状排水装置を貼り付ける．**写真 2.4.7** にテープ状の装置の設置状況を示す．気象条件によってはバーナー等でテープの接着面を軽く温めて接着させる．サイフォンの原理により排水を促進するため流末側が最も低くなるように設置することが重要であり，滞水箇所から，テープの流末となる排水ますの水抜き孔や排水口までつながっていることが重要である．また排水ます等に接続する流末は床版面より30cm 程度低くなるように設置する必要がある．

写真 2.4.7　テープ状の排水装置の設置状況 [16)]

2.4.3　垂直方向の排水装置（水抜き孔）

　従来，床版水抜き孔は，修繕工事の場合は床版のコア削孔により設置し，新設橋梁工事では床版コンクリート打設前にあらかじめ金属製もしくは樹脂製管を設ける等の対処がされてきた．しかし，前者は凍結防止剤の散布量の増加により床版コンクリートの劣化や床版鉄筋の切断・腐食に繋がり，後者は床版厚と同じ長さの VP 管や SGP 管を埋設していたため流末管を設置することが難しい等の問題が生じていた．

　近年，床版排水装置としての水抜き孔は各資材メーカーから用途別に様々なものが販売されており，流末管も接続できる構造になっているものが多いため，これを採用するのが簡便である．排水管の直径は床版の主筋と配力筋の間に設けることから φ50mm 前後の金属製や樹脂製のものが多い．以下に資材の区分を行う．

(1) 床版水抜き孔の機能

a) 防水層上の浸透水の排水を行う資材

　床版水抜き孔としての一般的な排水装置は，**写真 2.4.8** のように床版防水層の上面に滞留した浸透水を導水パイプにより集水し，床版内を鉛直方向に貫通させて設けた排水装置（水抜き孔）により床版下に排水する構造である．

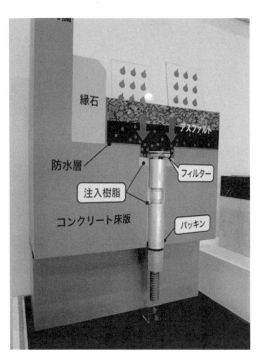

写真 2.4.8　防水層上の浸透水を排水する床版水抜き孔

b) 防水層上の浸透水と伸縮装置や路肩付近の路面排水を行う資材

　高速道路会社の設計要領においては連続した床版の4隅に浸透水を排水する床版水抜きパイプを設けるが，これらの排水装置（水抜き孔）には**図2.4.8**のように路肩付近に滞留した路面の雨水を排水する機能も備えているものが多い．

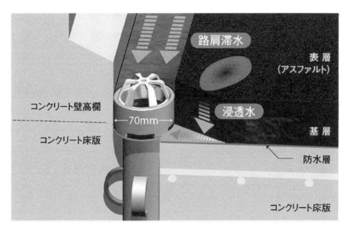

図2.4.8　橋面滞留水と防水層上の浸透水を排水する床版水抜き孔 [17)]

c) その他の資材

　プレキャスト床版や鉄筋コンクリート床版に鋼板接着補強している橋梁では鉛直に削孔できないため，**図2.4.9**のように橋梁の遊間に導水するものもある．

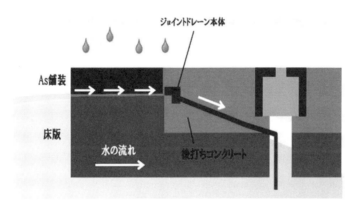

図2.4.9　桁遊間に導水する床版水抜き孔 [18)]

(2) 床版水抜き孔の材質

　床版内に設けた床版水抜き孔はメンテナンスや交換を行うことが難しいため，材質は設置環境等を考慮して選定される．

a) 樹脂製（ポリ塩化ビニル（PVC）等）

　樹脂製の床版水抜き孔は腐食しないものの，金属製と比較して機械的強度が劣るため，清掃等の維持管理においては注意が必要である．

b) 金属製（ステンレス製）

ステンレス製の床版水抜き孔は，防食性は高いものの異種金属と接すると電食を生じるため，鉄筋等の周囲の鋼材とは絶縁する必要がある．

c) 金属製（構造用炭素鋼管：STK 等）

溶融亜鉛めっき鋼管製の床版水抜き孔は，めっきの剥離等，資材の品質について注意が必要である．

(3) 床版水抜き孔の流末

床版水抜き孔の流末に関する留意事項は 2.2.3(3) で述べているが，ここでは主に材質について整理する．

a) 金属製（ステンレス製）

防食性は高いものの異種金属と接すると電食を生じるため，支持金具等の周囲の異種金属と触れないようブチルテープやゴムシートを巻いて絶縁するほか，**写真 2.4.9** に示すような資材を用いることもある．

写真 2.4.9　ステンレス製の床版水抜き孔流末の例

b) 樹脂製（ポリ塩化ビニル（PVC）等）

ステンレス製は寒冷地で用いると凍結融解による破損事例も多いため対策品として**写真 2.4.10** に示すような樹脂製がある．機械的強度には劣るものの，可撓性や弾力性に優れるため凍結融解による膨張収縮に対する耐久性がある．

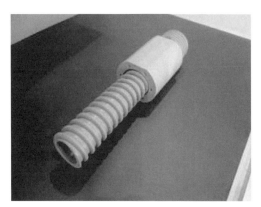

写真 2.4.10　樹脂製の床版水抜き孔流末の例

(4) 垂直方向の排水装置（床版水抜き孔）の施工方法

　新設工事で設置する場合には床版の配筋と同時に水抜き孔を配置しておくことが一般的である．新設橋では主桁等の構造物をかわすために**図 2.4.10** のように曲管としている場合もある．

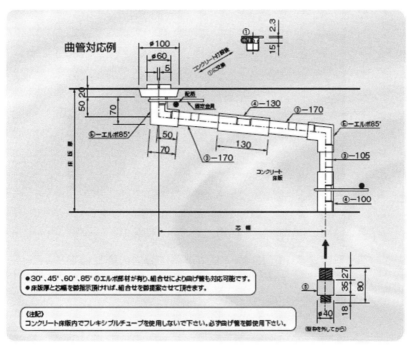

図 2.4.10　新設橋用の床版水抜き孔 [19)]

　修繕工事で設置する場合には，設置する周辺の舗装を 1m×1m 程度に撤去する．その後，鉄筋探査（**写真 2.4.11**）を行って，床版内の鉄筋等を切断しないようにコア削孔（**写真 2.4.12**）を行う．

　集水口は周囲の床版天端より低くなるように設置しエポキシ樹脂等で埋め戻す（**写真 2.4.13**）のが望ましい．

写真 2.4.11　RC レーダによる床版内の鋼材探査

写真 2.4.12　コアボーリングマシンによる床版の削孔

写真 2.4.13　床版水抜き孔設置とエポキシ樹脂による埋め戻し

2.4.4　床版内部の排水装置

　ここでは，床版内部の排水装置として，鋼コンクリート合成床版等において用いられるモニタリング孔，内部導水装置および内部水抜き装置について示す．

(1) モニタリング孔

　鋼コンクリート合成床版では，床版の周囲が鋼板で囲われているため，その接合部である鋼板とコンクリートからの水の侵入が懸念される．その対策事例の一つとして，底鋼板への滞水の点検ならびに排水を行うためのモニタリング孔が設けられる．モニタリング孔を設ける場合には，縦横断勾配の低い位置に設ける必要がある．設置事例を**図 2.4.11**，**図 2.4.12** に示す．

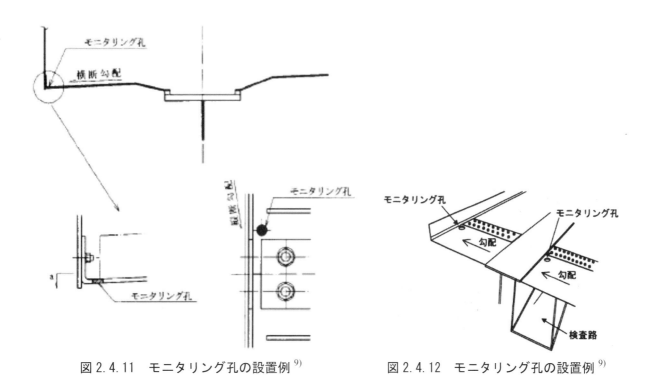

図 2.4.11　モニタリング孔の設置例 [9]　　　　　図 2.4.12　モニタリング孔の設置例 [9]

［文献 9）　土木学会，複合構造物を対象とした防水・排水技術の現状，複合構造レポート 07，図 3.3.11–12，p. 68，2013.7.］

(2) 床版内部導水装置

　一般的な鋼コンクリート合成床版は底鋼板により底面が覆われているため，浸水した水は底鋼板上のコンクリート内に滞水しやすく，それにより鋼板が錆びたり，コンクリートの砂利化を引き起こすなどのおそれがある．これを防ぐためにコンクリート内部の導水装置が使用されることもある．

　コンクリート内部の導水装置およびその設置例を**写真 2.4.14** に示す．

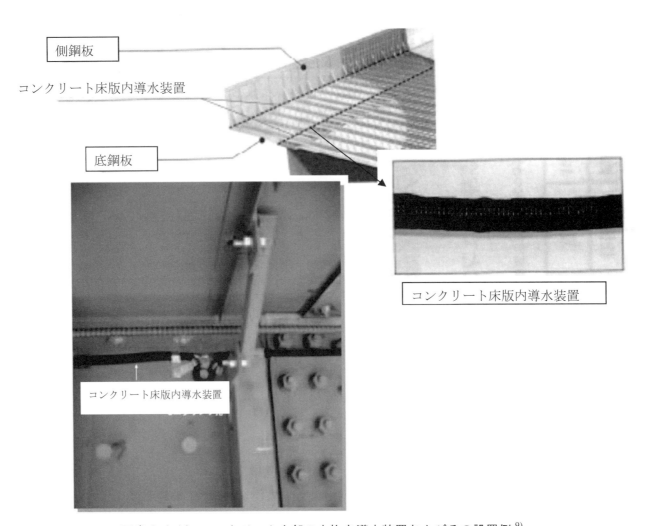

写真 2.4.14　コンクリート内部の水抜き導水装置およびその設置例 [9]

　［文献 9)　土木学会，複合構造物を対象とした防水・排水技術の現状，複合構造レポート 07，図 3.3.22，p. 75，2013. 7.］

(3) 床版内部水抜き装置

コンクリートは多くの空隙を有し，内部と外部の温度差により水分を排出・吸収している．このコンクリート内への水分の蓄積を防止するために内部水抜き装置が使用される．

内部水抜き装置の外観を**写真 2.4.15** に，水分排出の概念を**図 2.4.13** に示す．コンクリートに穿孔し，内部水抜き装置を打ち込み，キャッピングし，コンクリート中の不必要な水分を排出させる．とくに，コンクリート底面に繊維シート等を樹脂で接着する場合，その部分が遮断層となり，水分がたまりやすくなるため，内部水抜き装置の設置により，その有孔部からコンクリート内部の水分が抜けて，繊維シート等のふくれや剥離現象を防止する．

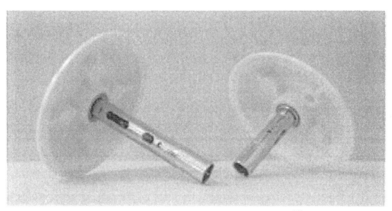

写真 2.4.15　内部水抜き装置の例 [20]

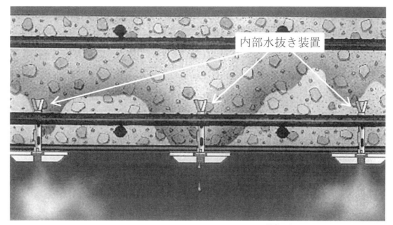

内部水抜き装置

図 2.4.13　水分排出の概念図 [20]に加筆

使用する材料の材質・仕様を**表 2.4.2** に示す．材質がステンレス製であれば，水による錆のおそれはない．内部水抜き装置の必要本数は，概ね 4〜6 本／㎡とされている．

表 2.4.2　内部水抜き装置の材質の例

材料	材質・仕様
内部水抜き装置	SUS304
キャップ	ABS
キャップ用接着剤	エポキシ樹脂

2.4.5　その他の排水資材

　2.4.1〜2.4.4 に示した，水が浸透した場合における排水装置以外に，舗装および床版内部に侵入させないための資材も重要である．

　ここでは，その他排水資材として，舗装および床版内部への水の侵入抑制を目的とした目地材，シール材，水切り材および桁端部の排水装置について示す．

(1) 目地材

　舗装表面には横断勾配があり雨水は地覆や縁石の方に流れるため，地覆や縁石と舗装の間から雨水が浸透することが懸念される．この対策として，地覆や縁石，排水ますなどの構造物と舗装との間に目地が設けられる．目地は目地材を充填し舗装内部への雨水の浸透を防ぐことが重要である．目地材には，舗装と構造物の両方に良く接着して，雨水の浸透を抑制する性能が求められる．なお，目地材の品質は，「舗装設計施工指針（（公社）日本道路協会，平成18年2月）」[21]に表 2.4.3 のように示されており，その形態としては注入目地材と成形目地材に大別される．

表 2.4.3　加熱型注入材の品質の標準 [21]

[文献21)　（公社）日本道路協会　舗装設計施工指針，平成18年2月，p.232]

試験項目		低弾性タイプ	高弾性タイプ
針入度（円すい針）	mm	6 以下	9 以下
弾　性（球針）		−	初期貫入量　0.5〜1.5mm
流　れ	mm	5 以下	復元率　60%以上
引張り量	mm	3 以上	10 以上

　表層のアスファルト混合物が密粒度舗装の場合には，舗装表面から浸透する水に対して止水する必要がある．一方でポーラスアスファルト舗装の場合では，表層は水が透水する層になるため，レベリング層から浸水する水に対して止水する必要がある．表 2.4.4 に目地材の適用箇所一覧を示す．

表 2.4.4　目地材の適用箇所一覧

表　層	適用箇所
密粒度舗装	①地覆と新たに舗設する舗装の境界部 ②切削オーバーレイにおいて既設舗装と新たに舗設する舗装の境界部
ポーラスアスファルト舗装	①地覆とレベリング層の境界部 ②既設舗装と新たに舗設する舗装の境界部

a) 注入目地材

　橋梁上の舗装では，舗装施工時に床版端部周辺を損傷させないよう，写真 2.4.16 に示すように木材を設置し，端部を保護して舗設を行うことがある．舗設後に木材を撤去して形成される10mm程度の隙間には注入目地材を充填することがある．

　この注入目地材には常温式と加熱式があり，その充填は専用機械を用いて注入する．加熱型の目地材の場合，冷却時の収縮量や過加熱による材料の劣化を生じないように，注入可能な粘度の範囲内で，できるだけ低い温度で管理する．

　加熱式での注入状況および注入後の状況を**写真 2.4.17** に示す．注入目地材を充填する前に，充填箇所の両側に専用プライマーを塗布する．

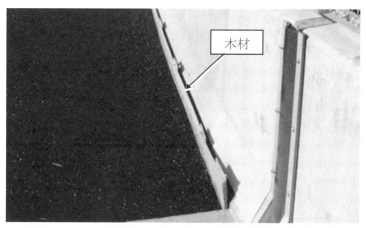

写真 2.4.16　舗装施工時における床版端部の保護の例

写真 2.4.17　加熱注入目地材の施工状況

　b)　成形目地材

　成形目地材は**写真.2.4.18** に示すような巻物で，工場で製造される．アスファルト混合物の舗設前に，成形目地材を地覆や縁石等に貼り付けて施工する．貼付状況および設置後の状況を**写真.2.4.19** に示す．なお，貼付前には構造物あるいはアスファルト混合物にプライマーを塗布する．

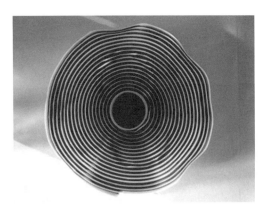

写真 2.4.18　成型目地材の荷姿

写真 2.4.19　成型目地材の施工状況 [22]

設置した成形目地材は，アスファルト混合物の舗設時に熱で溶融し，アスファルト混合物と密着する．成形目地材の有無に着目した地覆防水部の止水性の検証結果（事例）を図 2.4.14 に示す．アスファルト混合物の舗設温度が高くなるにつれて止水性能が高まるため，適切な温度でアスファルト混合物を舗設することが望ましい．一方，成形目地材なしの場合では，アスファルト混合物の施工温度によらず透水係数が大きく，止水性は得られない．

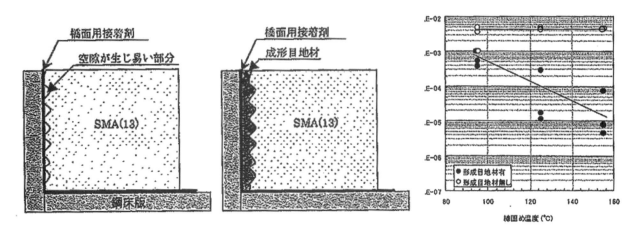

図 2.4.14　アスファルト混合物の施工温度と透水係数の関係 [23]

[文献 23)　（国研）土木研究所, 平成 15 年度土木研究所成果報告書 V-6 薄層化橋面舗装の施工性能向上に関する調査, p.283, 2003.]

(2) シール材

　シール材は，コンクリート等の接合部の目地に使用され，一般に二液反応型のシール材が充填される．弾力性，伸縮性および耐候性が高いといった特長を有する．

　図 2.4.15 にシール材の施工概要を示す．二液反応型においては主剤と硬化剤は十分撹拌し，均一になるようにする．また，施工時の温度や貯蔵時の水分の混入には留意する必要がある．

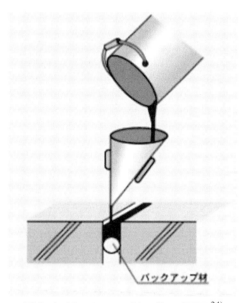

図 2.4.15　シール材の施工概要 [24]

(3) 水切り材

　壁高欄を伝って床版下部に回り込む水は，床版下部のコンクリート面，とくにひび割れや欠損部分等から内部に浸透することが考えられる．水切りは，床版下部に回り込む伝い水を止め，橋梁の劣化を予防するために設けられる．新設時に，外面隅角部の勾配や形状を工夫することにより水が表面を伝い流れることを防ぐ対策がとられるが，これらの対策が適切にとられていない既存構造物や，何らかの不具合により水切り形状が機能していない場合もあり得る．そのような場合に，保全対策として後付け型の水切り材を設置することがある．

　水切り材の断面形状の一例を**図 2.4.16** に示す．水切り材の取り付け状況を**写真 2.4.20** に示す．水切り材の施工は接着剤を塗布した後に床版に圧着して設置する．なお，供用中に水切り材が剥がれることがないように，設置時は下地の埃や油分等を十分に取り除くことに重要である．

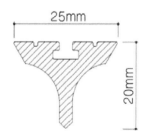

図 2.4.16　水切り材の断面形状の一例 [25]

写真 2.4.20　水切り材の取り付け状況[25]

(4) 桁端部遊間の排水装置

コンクリート床版および桁の端部では，漏水が生じる可能性も高いほか，段差等も生じやすく輪荷重による衝撃も比較的大きいなど，様々な劣化が生じる．とくに，床版や桁のコバ面（橋台パラペットの対面や橋脚上で桁同士が向き合っている面）はコンクリート素地のままの状態で架設され，補修においてもこれらの面を保護するのは困難であることから，ジョイントからの塩分を含む漏水があると，床版や桁の劣化を誘発することになる．桁端部は鋼材の定着部や支承などもあり，劣化を防ぐためには，漏水を防止して腐食環境を改善することが不可欠である．

対策としては，新設時に桁端部の表面保護をする，ジョイント部の確実な漏水対策を行うことなど考えられるが，既設の多くの橋梁でこれらの対策をとることは困難なことが多い．そこで，既設橋の側面から遊間に樋状のものを挿入して，横方向に排水するための装置が開発されており，その概要を図2.4.17に示す．

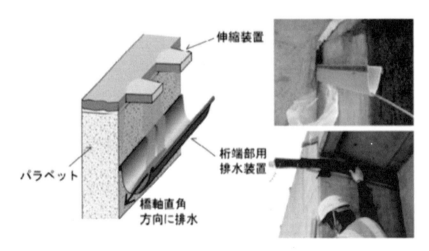

図 2.4.17　桁端部の狭い遊間に設置可能な排水装置（右上：ポリエチレン製，右下：ゴム製）[26]

［文献 26）　（国研）土木研究所：CAESAR 設立 10 周年記念誌，土木研究所資料第 4380 号，図-3.3.1，2018.9.］

参考文献

1) 国土交通省北海道開発局：道路設計要領第 3 集，第 1 編，第 7 章 橋梁付属物，平成 31 年 4 月

2) 国土交通省東北地方整備局：設計施工マニュアル(案)道路橋編，平成 28 年 3 月

3) 国土交通省東北地方整備局：新設橋の排水計画の手引き(案)，平成 26 年 10 月

4) 国土交通省北陸地方整備局：設計要領(道路編)，平成 29 年 4 月

5) 東日本・中日本・西日本高速道路株式会社　設計要領第二集　橋梁建設編，平成 28 年 8 月

6) 東日本・中日本・西日本高速道路株式会社　設計要領第二集　橋梁保全編，令和元年 7 月

7) 社団法人日本道路協会：道路土工　排水工指針，昭和 62 年 6 月

8) 一般社団法人日本橋梁建設協会：鋼橋付属物の設計手引き(改定 2 版)，平成 25 年 3 月

9) 大西弘志，谷口望，櫨原弘貴，佐々木厳，溝江慶久ほか：複合構造物を対象とした防水・排水技術の現状，複合構造レポート 07，土木学会，2013.

10) 公益社団法人日本道路協会：道路橋床版防水便覧，平成 19 年 3 月

11) 秩父産業株式会社：スラブドレーン　カタログ，http://www.ccbind.co.jp/item/1/catalog_1_3.pdf，2019/6 確認

12) アオイ化学工業株式会社：フレキドレーン　カタログ，2019.

13) ニチレキ株式会社：クーレ SW　カタログ，2019.

14) クラレプラスチックス株式会社：クラドレン®P-V，http://www.kurarayplastics.co.jp/product/detail.php?id=10115，2019/6 確認

15) クラレプラスチックス株式会社：http://www.kurarayplastics.co.jp/product/detail.php?id=10117，2019/6 確認

16) 東亜道路工業株式会社：タフシャット導水テープ　カタログ，2019.

17) NEXCO 東日本グループ技術商品サイト：S&SD drain－舗装浸透水排水装置－，http://www.e-nexco-tech-service.jp/details/nee-009.html，2019/6 確認

18) 中大実業株式会社：ジョイントドレーン（橋梁用埋設型排水桝），https://www.chudai.co.jp/product/detail.php?id=147，2019/6 確認

19) 秩父産業株式会社：スラブドレーン　カタログ，http://www.ccbind.co.jp/item/1/catalog_1.pdf，2019/6 確認

20) 株式会社ホーク：ピンニング・ドライ工法　技術資料，http://www.hork.co.jp/pdf/technical_data/DLP.pdf，2019/6 確認

21) 公益社団法人日本道路協会：舗装設計施工指針，平成 18 年 2 月

22) ニチレキ株式会社：ピタッと L 型止水テープ，2019.

23) (国研)土木研究所：平成 15 年度土木研究所成果報告書 V-6 薄層化橋面舗装の施工性能向上に関する調査，p.283，2003.

24) 東和工業株式会社：http://www.towaltd.co.jp/seihin/index-seal.html，2019/6 確認

25) アオイ化学工業：ウォーターカッター　カタログ，2019.

26) (国研)土木研究所：CAESAR 設立 10 周年記念誌，土木研究所資料第 4380 号，2018.9.

（執筆者：黒澤弘光，坂口孝次，佐藤正浩，塚本真也，綿谷茂，佐々木厳）

第3章　床版排水装置の設置状況の調査

3.1　排水装置の設置事例調査

　水抜き孔をはじめとした床版排水装置について，設置要領や平面配置の考え方を2.3で整理した．設置に関する一定の考え方は示されているものの，橋梁種別や地域による相違，既設排水装置の健全度の状態など，その実態について不明な点が多い．そこで，設置状況に関する事例調査を行った．事例調査は，水抜き孔の出荷実績をもとにした実踏調査，ならびに，橋梁の補修工事の設計を行うコンサルタントへのヒアリングの，二つのアプローチにより行った．

3.2　排水装置設置状況の実踏調査

　道路橋の既設排水装置について平面配置の実態がどのようになっているか，それら排水装置が適切と考えられる位置に設けられているか，また，排水装置の効果や機能，不具合状態等の確認のための現況確認として，実踏調査を行った．委員会の構成員によるごく一部の橋梁に対する調査ではあるが，設置状況の事例や既設排水装置の状態についていくつかの知見が得られた．

　(1) 調査方法
　床版水抜き孔の出荷実績をもとに，地域や橋梁名称を橋梁データベース等と対照すること等により，候補橋梁をリストアップし，実橋予備踏査で現況確認し直接目視可能な床版を抽出した．そして，着目点や観察箇所を整理し，降雨後経過時間，漏水痕跡の判別，末端付着物の状況などについても留意することとした．これらをもとに現場での記録事項としての調査票を定めた．

(2) 調査結果-事例 1

図 3.2.1 は，平成 27 年に建設された歩道橋における，排水ます，排水管，床版水抜き孔の，平面配置や装置諸元について現地調査した結果の調査票である．主要地方道の車道橋に併設し架けられた耐候性鋼による中路鋼桁橋で，波形鋼板を型枠として使用したコンクリート床版を有し，横断形状は凸型(拝み)勾配，縦断形状は片下がりの勾配を有する．

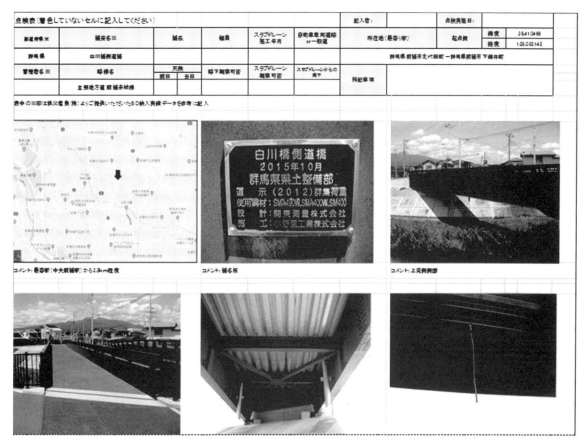

図 3.2.1　コンクリート床版をもつ耐候性鋼歩道橋の排水管および床版水抜き孔の調査事例

コンクリート床版上にアスファルト舗装が施工されており，**写真** 3.2.1 に示すように路面上の排水ますに舗装内導水パイプ φ18mm が引き込まれていることから，床版表面には防水層を有するものと考えられる．舗装内の導水パイプ（管状排水装置-鋼製スパイラル管）は，排水管と水抜き孔に接続されているとみられ，排水ますからの排水管 φ114mm が 4 本，水抜き孔 φ50mm の流末が十数箇所，床版裏面に配置されている．

写真 3.2.1　排水ますに接続された導水パイプ

(3) 調査結果-事例 2

　図 3.2.2 は，平成 27 年に建設された高架橋における，排水管と床版水抜き孔の，平面配置等の調査票である．国道の自動車専用区間の 2 主桁の鋼桁橋で，鋼コンクリート合成床版を有し，勾配に応じた間隔で床版水抜き孔が横断勾配の下側に配置されている．

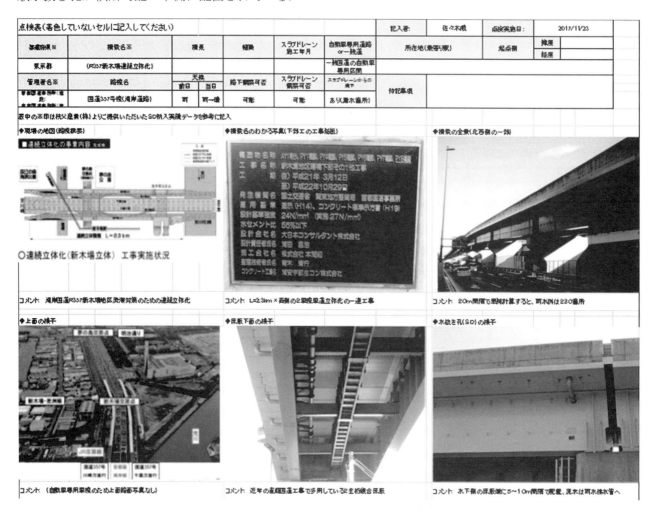

図 3.2.2　鋼コンクリート合成床版に設置された床版水抜き孔の調査事例

　床版水抜き孔は，河川部上空を除いてすべて排水ますからの排水管に接続されている．降雨の翌日に桁下から観察したところ，**写真** 3.2.2 に示すように排水管への接続部から漏水による滴下が生じていた．水抜き孔からの排水が機能していることが図らずもわかる．

　漏水箇所の直下に着目すると，漏水中であるため地面の水濡れが観察されるほか，草の生育がみられ，これらは点検時の着目点となりうることがわかる．

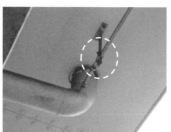

写真 3.2.2　排水本管に接続された排水装置からの漏水と地上の状態

(4) 調査結果-事例 3

図 3.2.3 は，都市内の河川にかかる歩道橋であり，床版水抜き孔の流末が観察できる事例である．

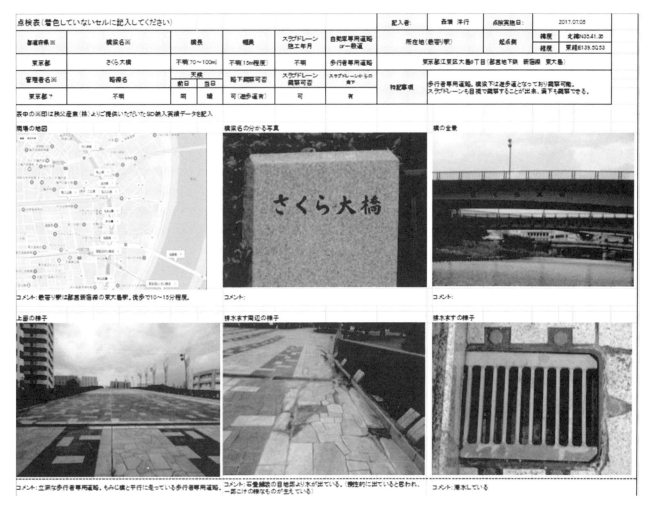

図 3.2.3　歩道橋の床版に設置された床版水抜き孔の調査事例

桁端付近の水抜き孔流末は下部工に沿わせてあるが，写真 3.2.3 に示すように遊離石灰等の析出が多量にみられる．写真 3.2.4 には，流末につららが生成している様子と，その直下の水濡れが観察できた．

写真 3.2.3　下部工に沿わせた床版水抜き孔の流末

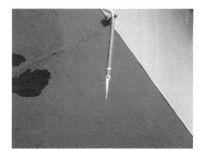

写真 3.2.4　水抜き孔からの排水状況

3.3　橋梁設計者アンケートによる実態調査

　橋梁の補修検討業務を行っている設計技術者を対象に，コンクリート床版の水抜き孔の設計に関するヒアリングを行い，設置状況を把握するための資料とした.

　質問形式は以下のアンケート形式とし，実際に携わった橋梁補修設計の道路管理者，それら工事における水抜き孔の設置の有無とその理由，設置した場合の水抜き孔の機能の確認などについて質問を行った．さらに，模擬橋梁床版図面を示し，これに対する水抜き孔の設置位置を尋ねた.

　アンケート形式のヒアリング調査の結果，75名の設計者から回答が得られた.

アンケートの設問と回答結果

Q 1　橋梁補修設計において床版防水の検討を行った橋梁の管理者を教えてください.

　　A 1　国土交通省　　　　14名

　　　　　都道府県　　　　　42名

　　　　　政令指定都市　　　 9名

　　　　　市町村　　　　　　34名

　　　　　NEXCO　　　　　　 1名

　　　　　その他　　　　　　 2名

Q 2　上記Q 1の橋梁で床版水抜き孔を設置しましたか.

　　A 2　はい　　　61名

　　　　　いいえ　　14名

Q 3　Q 2で"はい"と答えた方は設置した理由を教えてください.（複数回答可）

　　A 3　①既設床版に水抜き孔が無く，浸透水による影響が推測されたため.　　　　　　　　　32名

　　　　　②既設床版に水抜き孔は無く，床版に問題はなかったが予防保全を目的として.　　　28名

　　　　　③水抜き孔（排水ます）は設置されていたが，設置本数が不足していたため追加して設置.　 4名

　　　　　④水抜き孔は設置されていたが，詰まり・損傷等により機能していなかったため再設置.　 1名

Q 4　Q 2で"いいえ"と答えた方は設置しなかった理由を教えてください.（複数回答可）

　　A 4　①水平方向の排水管を排水ますに接続した.　　　　　　　6名

　　　　　②床版が健全だったため設置しなかった.　　　　　　　　5名

　　　　　③ＰＣ橋のため，もしくは架橋条件等により設置できなかった.　　2名

　　　　　④既設の水抜き孔を再利用.　　　　　　　　　　　　　　2名

　　　　　⑤舗装修繕が済んだばかりのため，次回以降に水抜き孔を設置する.　　1名

Q 5　Q 4で④（既設の水抜き孔を再利用）を選定した方，既設水抜き孔が機能しているか確認しましたか？またどのような方法で確認しましたか.

　　A 5　はい　　　0名

　　　　　いいえ　　2名

Q 6　以下の橋梁において，どの位置に水抜き孔を設置しますか．（橋梁補修設計，床版に著しい損傷なし）

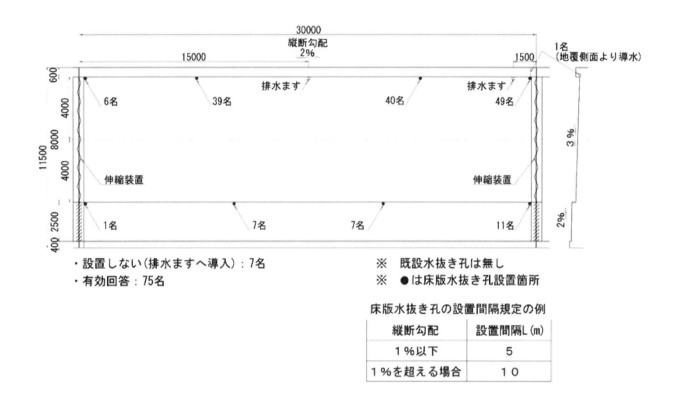

図 3.3.1　コンサル設計者アンケートにおける模擬床版の諸元と回答

　被験者の母集団は，高速道路がやや少ないほかは国内の道路橋の構成を網羅したかたちの設計者となり，補修設計における設置状況の実態を把握しうるものとなった．ある条件下で回収したアンケートだったが様々な問題提起が得られた．今後，このようなアンケートを細分化して広く回収する機会があれば，地域特性等の状況や問題点等が明らかできると思われる．

　橋梁補修工事では，8 割を超える設計者が床版水抜き孔を設置したと回答し，既設の水抜き孔がない場合には，浸透水の影響の有無にかかわらず設置を行っており，数量や機能不全による追加なども挙げられた．床版水抜き孔の必要性は概ね認識されているものとみられる．

　一方，水抜き孔を設置しなかったと回答した設計者が挙げた理由としては，水平方向の導水パイプで雨水排水ますに接続した，床版が健全であった，架設条件が整わなかったことなどであった．その理由の背景には健全な床版への削孔を懸念する意識もあるものとみられ，適用方針の明確化が必要であると考えられる．また，舗装修繕が済んだばかりのため次回以降に水抜き孔を設置するという回答もあり，事後保全としての対症療法的な修繕にとどまっている一端もうかがえる．

　既設の水抜き孔の活用においては，回答者は 2 名と少ないものの，いずれもその排水機能の確認までは行っていなかった．回答数からは，現状では床版水抜き孔の未設置橋梁が多いことも推測されるが，今後，将来的には床版水抜き孔の再利用等の点検・判定基準が必要になるものと考えられる．

　補修設計において，床版面の排水装置である水抜き孔をどこに設置するかを問うた，**図 3.3.1** の模擬床版における設置位置の設問では，2/3 である 50 名の設計者が勾配最下部への設置を行い，勾配の上側になる程

その数は減少した．横断勾配の上側となる歩道側に水抜き孔を設けたものは約 1 割程度であった．一方，1 割程度の設計者が排水ます（約 15m 間隔）へ導入するものとして，床版水抜き孔は設けない（導水パイプを排水ますに導入する意図も含まれるとみられる）と回答した．床版の角部以外での設置間隔は，排水ますの中間部付近あるいは 10m 間隔とするものがほとんどであった．設置位置については，「道路橋床版防水便覧」をはじめとした技術資料に倣った形で設置するという回答が多かった．

　この設問は著しい損傷が無いことを仮定とした質問であり，浸透水の影響による損傷が生じているとすれば，結果はまた異なったものになったと考えられる．また，本アンケートの設問設定では考慮しきれないところであるが，マウンドアップした歩道の中詰めコンクリートの排水にも着目すべきであると考える．

（執筆者：黒澤弘光，森端洋行，佐々木厳，佐藤正浩）

第4章　床版周辺の水分移動と不具合事例

4.1　概要

　橋梁床版の防水・排水に関する技術について，技術資料や材料工法，橋梁における設置状況の現状を整理した．床版防水層や床版排水装置が適用された現場においては，漏水や滞水をはじめとした不具合等の事例が報告されている．とくに補修工事において，舗装を撤去した際に滞水等が発見されることなどから，床版排水装置の設計施工の運用改善点が明らかとなるほか，既設の排水装置の健全性の確認について課題が指摘されることがある．ここでは，排水関連の不具合等事例を整理し，設計施工，維持管理へのフィードバックをはかるために，これらの不具合の背景や原因，考慮すべき水の移動経路等の留意点について，床版の防・排水工における技術的課題を整理した結果を述べる．

4.2　水の侵入経路

　床版周辺の水に関わる不具合を抑制するためには，水の動きを考慮した維持管理体制を確立する必要がある．H210委員会の報告では，浸水リスクを網羅的に確認することにより照査箇所を整理した．ここから，設計照査および点検項目等の設定において，浸水滞水を判断するための着目点を**図 4.2.1**および**図 4.2.2**のようにまとめている．また，床版上面，地覆，高欄の設計照査の視点に関する検討例として，**表 4.2.2**のように整理した．

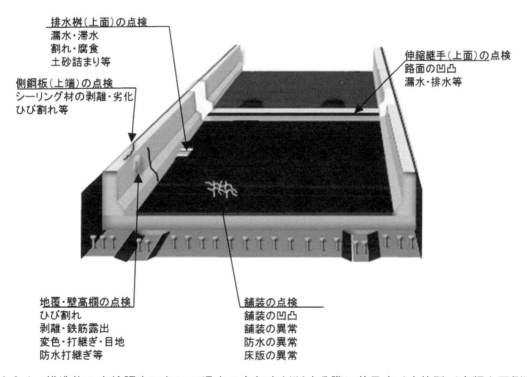

図 4.2.1　構造物の点検調査において浸水の有無を判断する際に着目すべき箇所（床版上面側）[1]

［文献1）　土木学会，複合構造物を対象とした防水・排水技術の現状，複合構造レポート07，図 3.1.10，p.27，2013.7．］

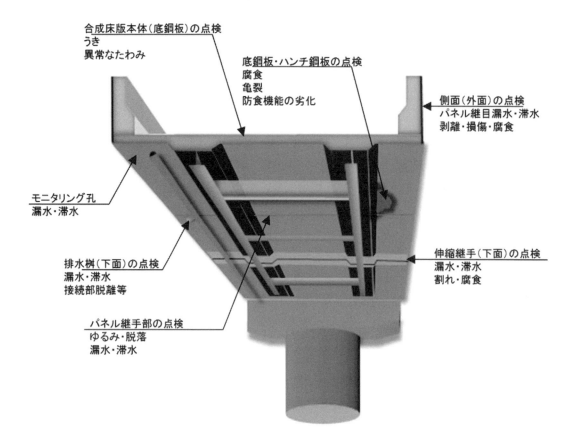

図 4.2.2　構造物の点検調査において浸水の有無を判断する際に着目すべき箇所（床版下面側）[1]

［文献 1）　土木学会，複合構造物を対象とした防水・排水技術の現状，複合構造レポート 07，図 3.1.11，p.27，2013.7.　］

表 4.2.2　リスク要因一覧　と　対応する設計照査と誘発損傷（床版上面，地覆，高欄に関する検討例）[1]

［文献 1）　土木学会，複合構造物を対象とした防水・排水技術の現状，複合構造レポート 07，表 3.1.2，p.28，2013.7.　］

部位 カテゴリ	部材 関係する部材と箇所	原因発生時期 設計施工 供用初期 供用中			漏水要因 メカニズムや原因箇所	照査項目 対策の着眼点とポイント	誘発損傷と影響 放置した場合の損傷拡大
床版上面	舗装	◎	△		転圧不足	アスコンの配合と施工性の照査	アスコン滞水と剥離（ポットホール）
			△	◎	ひび割れや緩み	交通条件とアスコン耐久性の確認	防水層上面の滞水と舗装版のずれ
	床版防水層：一般部	◎			防水膜の遮水性不足	防水層の基本性能照査（遮水性）	床版内の全面浸水、水浸疲労破壊
			△	○	水蒸気拡散と内部結露	防水層の基本性能照査（遮湿性）	床版内の湿潤や滞水、疲労破壊
		◎	△		膜厚不良	施工管理とその信頼性照査	局所浸入と浸透拡散、湿潤と滞水
		◎	○		穴、傷、未塗布等	防水層の追加性能照査（負荷等）	局所浸入と浸透拡散、湿潤と滞水
			○	○	供用中の膜変形や傷	防水層の追加性能照査（耐久性）	局所浸入と水みち導水
				◎	ひび割れ部の破れ	防水層の性能照査（ひび割れ開閉）	局所浸入と水みち導水
	床版防水層：継目	◎	△		施工継目の接着不良	施工管理とその信頼性照査	防水層裏面への浸入
			△	○	供用中の継目剥離	防水層の耐久性照査	局所浸入と水みち導水
地覆・壁高欄	防水層の端部	◎	△		防水端部からの浸入	端部防水の性能、立ち上げ幅	端部からの浸入と床版内への導水
			○	○	供用中の端部剥離	防水層の耐久性照査	端部からの浸入と床版内への導水
	地覆コンクリート		○	○	ひび割れ、剥離	部材界面と目地処理、表面被覆	地覆周辺からの浸入、滞水や漏水
	高欄（コン壁高欄）	◎			天端未防水	防水処理方法、天端仕上（勾配等）	床版内や側鋼板下方への導水
			△	○	ひび割れ、剥離	表面被覆やひび割れ修復の適用	床版内や側鋼板下方への導水
			△	◎	目地開き、シール剥離	開閉幅と目地材の性能、接着性	床版内や側鋼板下方への導水

凡例　◎：浸水につながる直接的原因が最も発生しやすい時期
　　　○：浸水につながる事由発生が懸念される時期
　　　△：浸水リスクについて考慮しておくべき時期
　　　無印：当該事由による浸水は一般に低いまたは不明と考えられる時期

4.3 排水装置に関する課題抽出

4.3.1 不具合事例の抽出と整理

　床版周辺の防水・排水に関する設計上の留意点や，維持管理における点検の着目点は，前節に示したようにある程度整理は進んでいる．ここでは，指摘されている排水装置に関わる様々な留意点を踏まえて，本委員会での実踏調査等から得られた現状の課題や，点検調査と補修対応において着目すべき点等を抽出した．抽出した不具合等の事例は次節で列記するが，対策や改善のための提案につなげることを意図して不具合事例から具体的に検証し，排水装置に関する課題として次に示す形態に分類した．

＊縁石下の滞水	＊鋼製排水溝の設置方法
＊高欄からの水の廻りこみ	＊高欄地覆ひび割れからの水の侵入
＊床版隅角部の勾配	＊水抜き孔の呑口の閉塞
＊排水ますの設置高さや勾配	＊排水ますの腐食評価と更新の判断
＊補修時の排水装置の処理	＊導水管の絡み
＊点検における漏水痕跡の着目点	＊管流末処理の排水管への接続の要否

　これら課題をもとに，漏水等が起こる箇所を設計施工面から改善するとともに，実効性のある点検や有効な補修につなげるための，原因推定や対策を提案することが肝要である．

- ・設計上の不具合 　（不適切な配置による滞水）
- ・施工上の不具合 　（施工不良による漏水や閉塞）
- ・排水装置の性能 　（材料劣化，接続部の耐久性等）
- ・排水装置の点検 　（目視点検における着目箇所や留意点）

4.3.2 床版への水の侵入に関する不具合事例

　代表的な事例について，不具合の状況，発生原因の推定，対策の例について次ページから紹介する．

＜不具合事例①＞　　縁石下部からの水の滲み出し

(1) 不具合状況

　路面切削後，**写真4.3.1**に示すように縁石下部より水が滲み出し路面が湿潤している．

写真4.3.1　縁石下部の滲み出し状況

(2) 発生原因

　降雨後や歩道前の路肩部に積雪がある場合によく観察される事象であり，**図4.3.1**のように歩道内部に滞留している水が歩車道境界部縁石の高さ調整コンクリート部分から滲み出していることが考えられる．これらの滞留水は，床版の車道部分にも移動して床版防水層下に侵入すると，床版と防水層の付着を阻害し，床版コンクリート部材の劣化，舗装破損の原因にもなる．**写真4.3.2**は歩道からの滞留水により床版と塗膜防水材の接着不良が生じた事例であり，人力で塗膜防水材が剥がれ，防水層下の床版が湿潤している状況を示している．

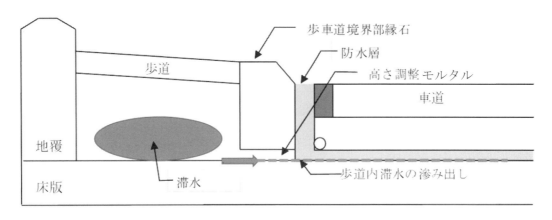

図4.3.1　発生原因の推定図

写真4.3.2　歩道からの滞留水による床版と塗膜防水材の接着不良の事例

(3)　対処事例①

　この対策として，**図** 4.3.2 に示すように防水層下面にテープ状の排水装置を設置して，歩道から車道への滲み出し水を速やかに排水ますへ誘導するなどの配慮が考えられる．

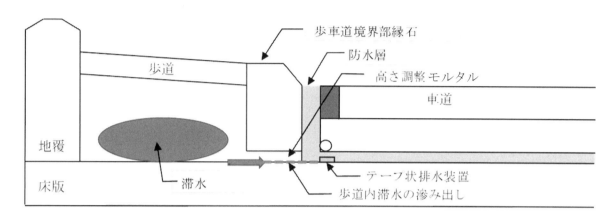

図 4.3.2　歩道からの滲み出し水への対処事例

(4)　対処事例②

　図 4.3.3 に示すように歩道部も車道部と一体的に防水層を構築する対策がある．この場合歩道部についても目地材を設ける必要がある．

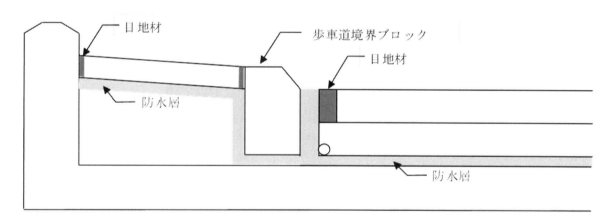

図 4.3.3　歩道部の防水層の例

(5) 対処事例③

　　図 4.3.4 は，水の滲み出しにつながることになる縁石そのものを撤去し，高機能な床版防水および防水被覆を施工した例である．

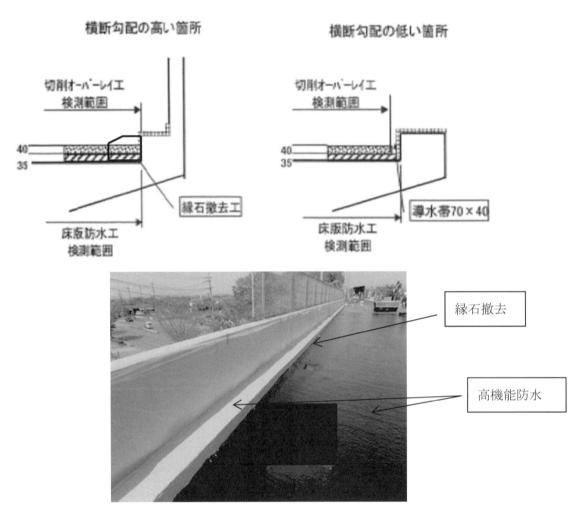

図 4.3.4　縁石撤去および防水による対策事例

＜不具合事例②＞　　　<u>鋼製排水溝下部からの水の滲み出し</u>

写真 4.3.3　縁石下部の滲み出し状況

(1) 不具合状況

　路面切削後，**写真 4.3.3** に示すように鋼製排水溝下部より水が滲み出し路面が湿潤している．

(2) 発生原因

　図 4.3.5 に示すように，鋼製排水溝と後打ちコンクリートとの界面の肌別れにより降雨等がその界面から侵入し，鋼製排水溝設置時に敷設した敷きモルタル（ドライモルタル）に浸透，滞水し，滲み出していることが考えられる．

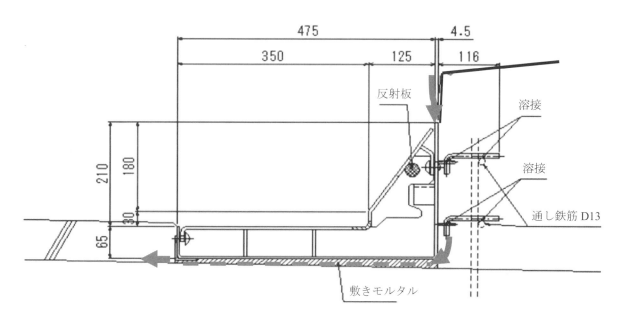

図 4.3.5　鋼製排水溝の設置例および発生原因の推定図

(3) 対処事例

　これらの滞留水は，不具合事例①と同様に床版の車道部分にも移動して床版防水層下に侵入すると，床版と防水層の付着を阻害し，床版コンクリート部材の劣化，舗装破損の原因にもなる．また，鋼製排水溝の経年劣化や凍結防止剤を起因とする腐食がこの現象をさらに促進させることが懸念される．

　この対策として，**図4.3.6**に示すように鋼製排水溝と後打ちコンクリートの界面にUカットを行い，そのUカット内にシーリング材を充填し，さらに防水を施した事例がある．

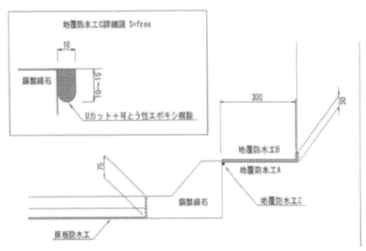

図4.3.6　鋼製排水溝の防水事例

Uカット　　　　　　　　　シール材充填

写真4.3.4　鋼製排水溝下部への浸透水への対処事例

<u>＜不具合事例③＞</u>　　　<u>壁高欄変状部からの水の侵入</u>

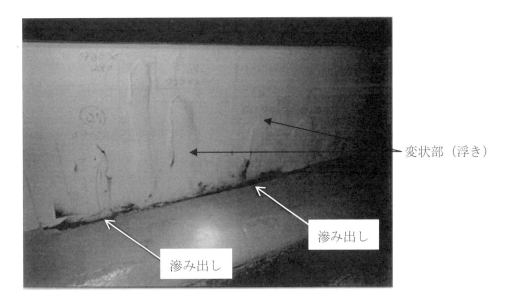

変状部（浮き）

滲み出し

滲み出し

写真 4.3.5　壁高欄変状部からの滲み出し状況

(1) 不具合状況

　写真 4.3.5 に示すように，壁高欄変状部より水が侵入し，地覆部へ滲み出している．壁高欄にはエポキシ樹脂系の保護塗装が施されていた（保護塗装の効果も疑われる）．

(2) 発生原因

　図 4.3.7 に示すように，壁高欄にある変状部（写真はかぶり不足による浮き）から雨水等が侵入し，コンクリート内部を通り，地覆部または鉄筋を伝って床版まで到達していることが考えられる．

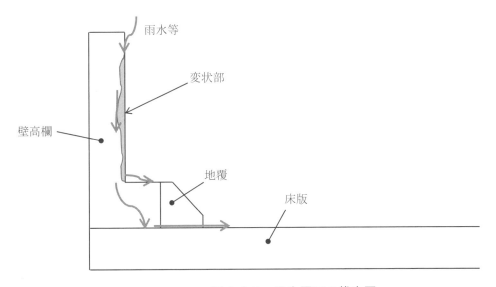

雨水等

変状部

壁高欄

地覆

床版

図 4.3.7　発生原因の推定図

(3) 対処事例

　変状部からの侵入水は，壁高欄コンクリートの内部を通って床版まで到達することが懸念され，不具合事例①②と同様に，床版の車道部分に移動して床版防水層下に侵入すると，床版と防水層の付着を阻害し，床版コンクリートの劣化や舗装の破損の原因になる．また，鉄筋を腐食劣化させ，構造物の機能を低下させる懸念もある．侵入水に凍結防止剤の成分が含まれると，これらの現象が加速的に促進されると考えられる．

　この対策として，変状部を断面修復した後，**図 4.3.8** に示すように劣化因子遮断性，防水性，ひび割れ追従性を有する表面被覆（ウレタン防水塗装の例 **表 4.3.1**）を施すことが有効である．**写真 4.3.6** は吹付け機械を使用し，超速硬化型ウレタン系の防水塗装を施工した事例である．超速硬化型ウレタン系は小面積であれば，下地処理，プライマー，防水材吹付け，トップコートの 4 工程を 1 日で完了することができる．

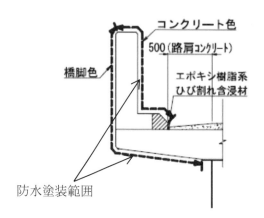

図 4.3.8　壁高欄の防水塗装範囲（首都高速道路）[2]に加筆

[文献 2)　首都高速道路株式会社　附属施設物設計施工要領　第 6 編，平成 27 年 6 月，p.21]

表 4.3.1　首都高速道路の防水塗装品質規格[3]

[文献 3)　首都高速道路株式会社　鋼橋塗装設計施工要領，2019 年 7 月，p.V-73]

項　　目		AB-C-1 (SDK B-401) A 種	AB-C-2 AB-S-2 (SDK B-402) B 種	試験の種類		
				品質規格試験	抜取試験	品質試験(*1)
耐荷性（φ10cm 当たりの押抜き荷重）		1.5kN 以上	0.3kN 以上	○	○*2	○
付着性 (付着強度)	標準養生	1.0N/mm² 以上		○	—	○
	半水中養生			○	—	○
	温冷繰返し養生			○	—	○
耐久性	屋外曝露試験後	1.5kN 以上	0.3kN 以上	○	—	—
	促進耐候性試験後	促進耐候性試験 500 時間経過後に光沢保持率が 70%以上，色差 ΔE*ab が 10 以内であること		500	300	500
伸び性能		10mm 以上の変位が確認できること		○	—	○
赤外吸収スペクトル		抜取り検査の赤外吸収スペクトルが品質規格試験のそれと同一とみとめられること		○	○	○
景観（施工後の外観）		著しい不連続がなく調和していること		○	—	○
遮塩性	塩素イオン透過量	5.0×10⁻³mg/cm²・日以下		○	—	○
中性化阻止性	中性化深さ	1mm 以下		○	—	○
水蒸気透過阻止性	水蒸気透過量	5.0mg/cm²・日以下		○	—	○
ひび割れ追従性	標準養生後／常温時	塗膜の伸びが 2.0mm 以上		○	—	○
	耐候性試験後／常温時			○	—	○
	標準養生後／低温時	塗膜の伸びが 0.4mm 以上		○	—	○

*1：抜取試験で不合格となった場合の試験
*2：1 工事あたり最低 1 回実施すること

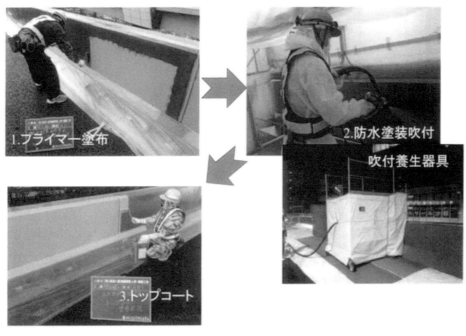

写真 4.3.6　壁高欄部への防水塗装での対処事例

参考文献

1)　大西弘志, 谷口望, 櫨原弘貴, 佐々木厳, 溝江慶久ほか：複合構造物を対象とした防水・排水技術の現状, 複合構造レポート 07, 土木学会, 2013.

2)　首都高速道路(株)：附属施設物設計施工要領　第 6 編, 図 2.5.2, p.21, 平成 27 年 6 月.

3)　首都高速道路(株)：鋼橋塗装設計施工要領, 表-14.1, p.V-73, 2019.7.

（執筆者：佐々木厳, 塚本真也, 坂口孝次, 綿谷茂）

第5章　床版排水装置の維持管理について

　橋梁床版の防水・排水に関する技術のうち，舗装内導水パイプと床版水抜き孔に代表される床版排水装置は，その開発と普及からの年数が浅く比較的最近の工種である．2章ではそれらの技術資料や材料工法，3章では橋梁における設置状況の現状を整理した．4章では，適用現場における不具合等の事例から出てきた技術的課題や，補修における設計施工の改善事例などを述べた．床版排水装置は，実橋に設置されるようになってからのストックも増えてきており，その健全性が橋梁の保全において重要な位置を占めるようになっている．5章では，床版排水装置の維持管理に関する試行検討の結果を示して，まとめと今後の課題とする．

5.1　床版排水装置の維持管理

　床版排水装置の維持管理方法を確立するための一歩として，維持管理の考え方や点検の流れ，現場における点検方法を試行的に検討した結果について紹介する．

5.1.1　床版排水装置の維持管理の考え方

　床版排水装置は，橋梁を構成する主部材ではないが，橋梁付属物として橋梁点検要領等の運用に基づいて定期点検等の状態確認が必要であると考えられる．橋梁点検要領の判定区分に整合させるとすると，次の状態が対応することとなるものと思われる．

＊排水施設の状態と確認の流れ（試案）		点検要領における判定区分
段階1	： 閉塞物なし，　勾配や管径等適切	A
段階2	： 閉塞物なし，　位置，勾配，管径，流末等が不適切（既存不適格）	
段階3a	： 閉塞物はあるが，必要な排水量は確保している	MorB
段階3b	： 勾配，有効管径，接続状態，流末等に変状あり	SorC
段階4a	： 閉塞物があり，排水不全な状態	CorS
段階4b	： 管路等装置類に破損が生じ，排水不全や漏水	CorS
	管体や支持具の破損と落下懸念	E

　ここで，排水装置の機能低下の進行を考慮すると，次の流れが想定される．いずれも，現場での点検方法をどのように実施できるかが鍵となる．

段階1が確保されているかどうかの確認　→　設計照査要件，検査方法
段階1から3に移行していないかの確認　→　日常巡視/定期点検での着目点や確認項目
段階3から4に移行していないかの確認　→　定期点検/詳細点検での確認項目と試験法

5.1.2　排水装置の点検

　床版排水装置の健全性の確認については，管路の脱落等の目視点検事項はあるものの，排水機能の確認をはじめとした具体的な手法や観点は皆無であり，点検調査もほとんどなされていないのが現状である．3.2で述べた実踏調査ではいくつかの不具合事例も確認され，目視点検の方法，着目箇所や留意点を示すための可能性が示唆された．そこで，模索段階ではあるものの，床版排水装置の点検方法について検討を行った．

(1) 床版排水装置の点検の流れ

　床版水抜き孔から雨水の流出が観察できるのは，直前に相当程度の降雨量があり，水抜き孔の平面配置が適切であり，水抜き孔が健全に機能している場合と考えられる．考えられる点検フローを図5.1.1に示すとともに，そのフローに沿って点検するために解決しなければならない課題について列記する．

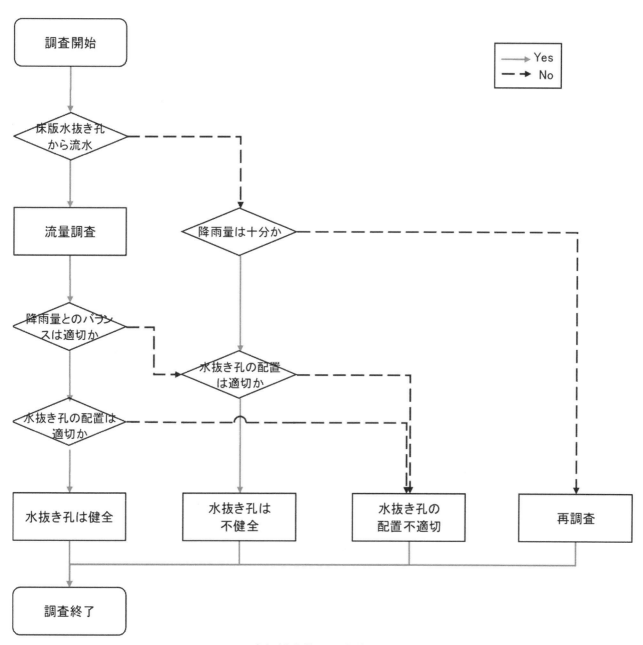

図 5.1.1　床版排水装置の点検フロー（試案）

　床版水抜き孔の配置の適切性を評価する方法については，それが防水層の上面に滞水した水を排出させる目的であるとすると，床版上の滞水しそうな箇所に設置する必要がある．よって，図面より，床版の勾配，排水ます位置を考慮し設置を決定する必要がある．さらに，滞水箇所を明らかにするためには，床版の不陸も重要な要因であると考えられるが，舗装された状態では床版の不陸を確認することができないことから，電磁波レーダ探査等の技術も必要に応じ活用して床版の不陸状況を判定する技術開発等も可能性の一つとして挙げられる．

(2) 床版排水装置の状態の確認方法の検討

　床版排水装置が対象とするのは舗装や床版内の浸透水であり，その流量はごくわずかであることから，排水管径などの管路の諸元はあまり問題とはならないとみられる．一方，管の損傷や変形，閉塞物の状態などは，その発生により排水が阻害され，ひいては床版コンクリートの損傷につながることから，点検時の確認方法を明らかにしておくことが重要である．現場で実施可能な点検評価法として，日常点検の着目点，5 年ごとの定期点検時の試験法などの策定が望まれる．

　閉塞物の状態は，目視やファイバースコープ等による内部状態の観察によって確認できるものと考えられる．3.2 で試行したように，降雨後に流末からの排水状態を観察することが有効であるが，その場合，流末が排水管に接続されていると，目視での排水機能の確認が困難になる．床版排水装置の機能確認の観点からは，流末は接続せず開放されているほうが望ましい．河道部上空の排水管流末は開放されていることがあるが，床版排水装置からの排水は床版上の構築物が健全であれば本来排出されないものとも言えるものであり，橋梁下の利用形態に応じては，流末の意図的な開放の検討も有意義であると考えられる．

　補修工事における舗装の開削時には，路面側から散水し既設の水抜き孔が機能しているのか否かを確認することができると思われる．補修設計および施工における床版排水装置の状態確認は，3.3 のヒアリングでも示唆されているように，その後の床版の健全性確保において重要である．

5.2　床版かぶりコンクリート内部の水分移動の可視化の試み

　近年，床版内部の可視化調査として電磁波レーダを用いた方法が研究開発されている．電磁波レーダは，電磁波を舗装体に向け放射し，舗装内部の誘電率や導電率，電気特性の異なる界面や埋設物などからの反射波を捉えることで舗装内部の状況を簡便かつ高い分解能で探査する技術である．**図5.2.1**に電磁波レーダ法による舗装構造物調査の原理を示す．アンテナから舗装体に向けて電磁波を放射すると，アスファルト舗装と床版の境界などの比誘電率が異なる境界面で反射し，反射波をアンテナで捉えることで内部の状況を把握するものである．近年では，**写真5.2.1**に示すように車両に搭載して道路を交通規制することなく走行しながら調査する機器も開発されている．

　アスファルト舗装やコンクリート床版の比誘電率は3〜11程度であるのに対して，水の比誘電率は80と大きく異なることから水分の有無によって反射波形は大きく異なる．**図5.2.2**は防水層下面に水分が侵入していた橋梁で測定した電磁波レーダの床版上面での平面画像である．路肩側が水下であり黒くなっている箇所は，白い箇所に比べ反射波の位相がずれている．この原因としては舗装厚の違いや水分による影響が考えられる．このため，降雨前後等の床版の水分の状況が異なる状態で測定し，画像を比較することにより，コンクリート内部の水分の状況や移動について把握し，防水層の健全性を評価することが検討されている．

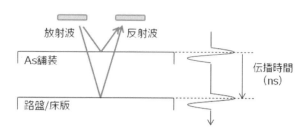

図5.2.1　地中探査レーダの測定原理

写真5.2.1　車両に搭載された探査レーダによるコンクリート内部の測定状況

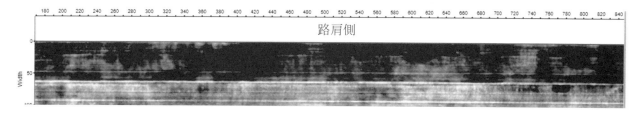

図5.2.2　防水層下面に水分が侵入していた橋梁で測定した電磁波レーダの平面画像（床版上面）

(1) 床版上面付近の異常個所の抽出方法

電磁波レーダで床版上面付近を測定すると，健全な床版の上面では比誘電率の大小関係により，電磁波が強く反射する（反射波形の右側（+側）にピークが表れる）傾向にある（**図 5.2.3**）．対して，床版上面付近に何らかの異常がある場合には，境界面において強い反射がみられない傾向にある．

図 5.2.4 に健全な床版上面付近を電磁波レーダで3次元的に測定した結果を示す．**図 5.2.5** に異常信号が確認された箇所の測定結果を示す．図は床版上面付近を縦断，横断，平面の3方向から切り出して表示している．図中の縦断図は横軸が橋軸方向の距離で縦軸が深さである．横断図は横軸が橋軸直角方向の距離で縦軸が深さ，図中の下段は平面図で横軸が橋軸方向の距離で縦軸が橋軸直角方向の距離である．このように，床版上面付近において強い電磁波の反射がみられる箇所(画面上で周囲より白く塗られる箇所)を健全とし，境界面において強い反射がみられない箇所（画面上で周囲より黒く塗られる範囲）を異常箇所として相対比較することにより床版上面の健全度を評価することが検討されている．

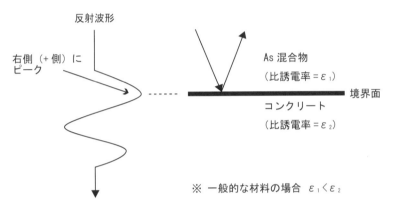

図 5.2.3 健全な床版上面付近での電磁波の反射

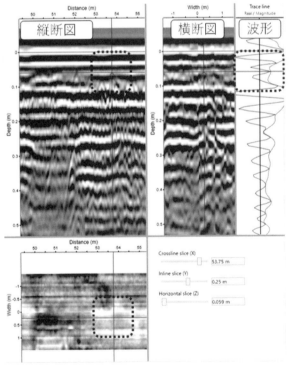

図 5.2.4 床版上面付近の健全箇所抽出例

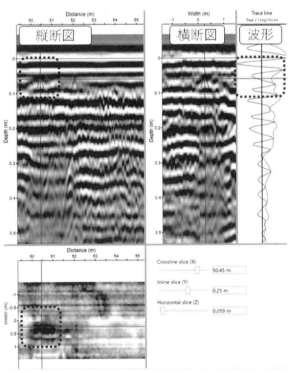

図 5.2.5 床版上面付近の異常箇所抽出例

(2) かぶりコンクリート内部の異常箇所の抽出方法

　電磁波レーダでかぶりコンクリート内部付近を測定すると，床版コンクリート内部では電磁波が透過するに従い減衰していくため，反射波形が徐々に左側（－側）に振れ，その後，電磁波が鉄筋まで到達すると強く反射するため，反射波形は右側（+側）にピークが表れる（**図 5.2.6**）．対して，かぶりコンクリート内部に何らかの異常がある場合には，電磁波の透過に従い一様な減衰がみられない傾向にある．

　図 5.2.7 に健全なかぶりコンクリートを電磁波レーダで 3 次元的に測定した結果を示す．**図 5.2.8** に異常信号が確認された箇所の測定結果を示す．このように，かぶりコンクリート内部において電磁波減衰のピークがみられる箇所（画面上で周囲より黒く塗られる箇所）を健全とし，一様な減衰がみられず波形が乱れている箇所（画面上で周囲より白く塗られる箇所）を異常箇所として相対比較することにより，かぶりコンクリート内部の健全度を評価することが検討されている．

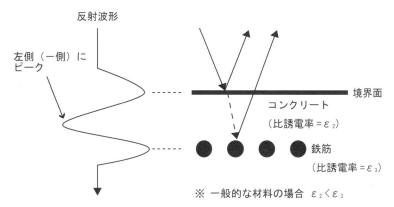

図 5.2.6　健全なかぶりコンクリート内部での電磁波の反射

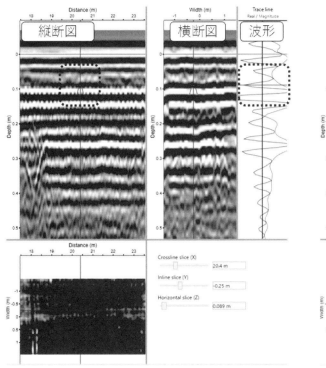

図 5.2.7　かぶりコンクリート内部での健全箇所
抽出例

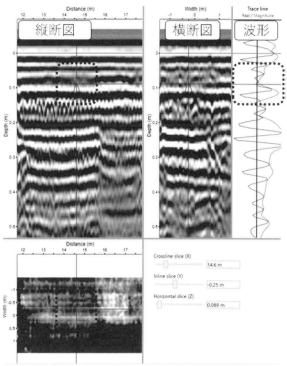

図 5.2.8　かぶりコンクリート内部での異常箇所
抽出例

（執筆者：佐々木巌，黒澤弘光，塚本真也）

第Ⅱ編　トリプルコンタクトポイントに関する現状と課題

第 1 章　はじめに

　鋼コンクリート複合構造物は，鋼とコンクリートの異なる材料を組合せ一体となって挙動するものであり，鋼とコンクリートの接合部の健全性が維持されることで，その特徴的な力学的特性が確保されるものである．複合構造委員会の「複合構造を対象とした防水・排水技術研究小委員会（H210 委員会）」および「維持管理を考慮した複合構造の防水・排水に関する調査研究小委員会（H214 委員会）」）では，**図 1.1.1** に示すような鋼とコンクリートと水などが接触する境界付近を「トリプルコンタクトポイント」と定義している[1]．

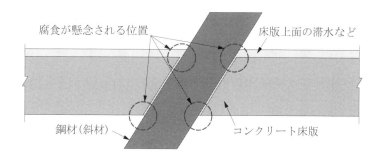

腐食が懸念される位置　　　　　　床版上面の滞水など

鋼材(斜材)　　　　　　　　　　コンクリート床版

図 1.1.1　トリプルコンタクトの概要図

　既往の研究によるとトリプルコンタクトポイントは腐食が発生しやすく，腐食速度も速いことが報告されている[2]．また，トリプルコンタクトポイントが起点となり，鋼部材が腐食して破断に至った事例が数例報告されている．なかでも一般国道 23 号木曽川大橋の斜材破断が有名な事例である[3]．以上のようにトリプルコンタクトポイントは，施工後からは目視による劣化診断や鋼材の防錆対策が極めて困難となり，維持管理上の弱点となりやすく，さらに塩化物イオンを含む水分が侵入するとコンクリートに埋め込まれた鋼材が早い段階で深刻な劣化を引き起こす可能性が十分にあるといえる．

　このようにトリプルコンタクトポイントの鋼材腐食メカニズムを把握することは，鋼構造および複合構造の維持管理において重要であることから，複合構造委員会では H210 委員会を設立し，その成果として「複合構造物を対象とした防水・排水技術の現状，複合構造レポート 07」を報告している[1]．

　H210 委員会では複合橋におけるトリプルコンタクトポイントの腐食メカニズムおよびその防水対策に関して各種検討が行われた．その検討結果の概要を**表 1.1.1** に示す．文献調査による防水工の現状の把握と課題の分析では，鋼とコンクリートの接合部そのものに関する研究は少ないことが示されている．また，(a)接合部を模擬した供試体による試験では，防水工が無い場合における腐食メカニズムが確認され，防水システムの重要性が示されている．(b)実構造物に使用されている防水工の有効性に関する確認試験では，無対策のものと比べ，防水工が施されたものは鋼板腐食の発生時期が大幅に遅延することなどが確認されている．しかし，水および塩化物イオンが侵入する過酷環境下での腐食メカニズムや経時変化，防水工などの更新時期などを明らかにするまでには至っていない．

　複合構造物の維持管理上の弱点となりやすいトリプルコンタクトポイントにおける維持管理方法を提案するためには，実構造物での水や塩化物イオンの劣化因子の侵入経路，腐食原因，腐食パターン，腐食範囲，劣化進行過程，防錆材料の特性や技術変遷などを把握するとともに，劣化因子の侵入による腐食メカニズムを明らかにする必要がある．H214 委員会では，トリプルコンタクトポイントの腐食メカニズムを明らかにし，

表 1.1.1　H210 委員会検討結果の概要

検討項目	文献調査による防水工の現状と課題の整理	防水性能確認試験
検討内容	文献調査を行うことにより，複合橋のトリプルコンタクトポイントにおける防水工の現状を把握し，その課題を分析した．	(a) 波形鋼板ウェブ橋の鋼板と下床版コンクリートの接合部を模擬した供試体を用いて，鋼とコンクリートの界面付着の有無が水および塩化物イオンの浸入に及ぼす影響について検討した． (b) 実構造物に使用されている防水工から数工法を選定し，各種防水工の有効性について試験により検証した．
成　果	基礎研究論文，技術紹介・事例報告，基準・指針類のカテゴリーの文献調査を行ったが，トリプルコンタクトポイントに関する研究が少なく，今後さらなる研究活動が必要である．	(a) 防水工が無い場合の腐食は，界面から下のコンクリート中の 2～3cm で孔食が発生し，その孔食を起点に腐食が広がり，腐食による膨張圧により付着力が低下，さらに腐食進行が加速する． (b) 何れかの防水工を実施することで腐食因子の侵入が抑制され，無対策のものと比べ鋼板腐食の発生時期を大幅に遅延することがわかった．
提　言	①腐食特性の分類と経時変化の違いを明確にする検討 ②実構造物レベルにおける鋼とコンクリートの付着が腐食に与える影響に関する検証 ③トリプルコンタクトポイントの腐食メカニズム（水および塩化物イオンの侵入）に関する検証 ④過酷環境下における実構造物のトリプルコンタクトポイントの腐食進行とそれを再現するための促進試験を関連付けるための検討 ⑤各種防水システムの耐久性に関する検証	(a) 実構造物では，施工その他の要因が相まって，必ずしも十分な付着が確保されていない場合があるため，水や塩化物イオン等の腐食因子の侵入を確実に制御する防水システムが必要である． (b) 本試験では防水工の性能を定量評価するまでにない経っていない．供試体の寸法，材料の種類，環境負荷サイクルを考慮した検討と実施工の追跡点検による効果の確認が必要である．

　維持管理の現状を整理することと対策方法を提案することを目的に H210 委員会の提言を踏まえ以下に示す検討を行った．**図 1.1.2** に検討内容と順序を示す．

(1)　トリプルコンタクトポイントにおける腐食事例と防錆技術の変遷の整理

　H210 委員会で行われた文献調査では，基礎研究論文，技術紹介・事例報告，基準・指針類に着目して分類し，トリプルコンタクトポイントにおける防水工の現状と課題がまとめられているが，補修や補強などの対策方法を検討するためには，実構造物での損傷の範囲を把握する必要がある．そのため，H214 委員会では実構造物のトリプルコンタクトポイントにおける腐食事例，対策事例，防錆技術の変遷などに着目した文献調査を行って，腐食原因，腐食パターン，腐食範囲，対策方法や補修・補強方法の事例を整理した．また，トリプルコンタクトポイントにおける維持管理の現状を調べるために，独自アンケートを国家公務員，地方公務員，鉄道会社，高速道路会社，ゼネコン，橋りょうメーカー，PC メーカー，NPO 法人を含むコンサルタント，一般財団法人に配布し，アンケート調査を実施した．

(2)　トリプルコンタクトポイントの腐食メカニズムに関する各種検討

　水や塩化物イオンが侵入した場合の腐食特性を定量的に評価するためには，過酷環境下におけるトリプルコンタクトポイントの腐食過程と，鋼とコンクリートの接触面の付着特性を把握する必要がある．そのため，H214 委員会では腐食特性を確認するため，鋼板をコンクリートに埋め込んだ供試体を用いて，塩化物イオンを含んだ水分を定期的に噴霧する室内試験と海洋暴露試験を実施した．また，付着特性を確認するため鋼材とコンクリートの接触面を模擬した要素試験体を用い付着特性に関する試験を行った．

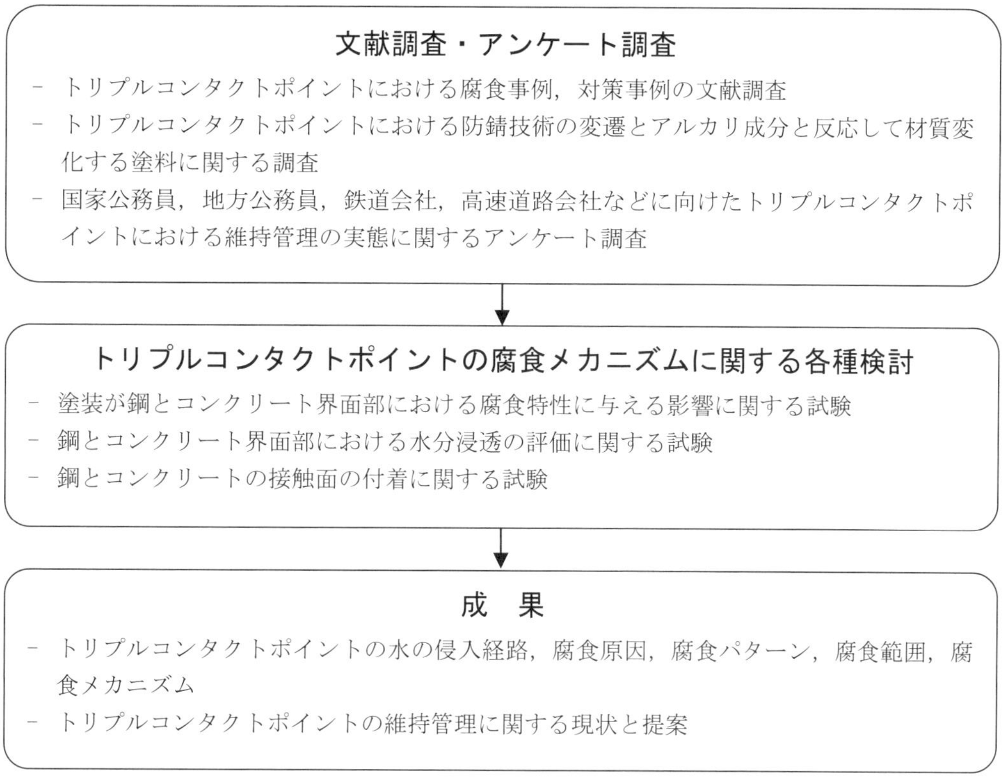

```
┌─────────────────────────────────────────────────────────┐
│              文献調査・アンケート調査                      │
│ － トリプルコンタクトポイントにおける腐食事例，対策事例の文献調査    │
│ － トリプルコンタクトポイントにおける防錆技術の変遷とアルカリ成分と反応して材質変 │
│   化する塗料に関する調査                                   │
│ － 国家公務員，地方公務員，鉄道会社，高速道路会社などに向けたトリプルコンタクトポ │
│   イントにおける維持管理の実態に関するアンケート調査          │
└─────────────────────────────────────────────────────────┘
                            ↓
┌─────────────────────────────────────────────────────────┐
│    トリプルコンタクトポイントの腐食メカニズムに関する各種検討      │
│ － 塗装が鋼とコンクリート界面部における腐食特性に与える影響に関する試験 │
│ － 鋼とコンクリート界面部における水分浸透の評価に関する試験     │
│ － 鋼とコンクリートの接触面の付着に関する試験                │
└─────────────────────────────────────────────────────────┘
                            ↓
┌─────────────────────────────────────────────────────────┐
│                      成　果                             │
│ － トリプルコンタクトポイントの水の侵入経路，腐食原因，腐食パターン，腐食範囲，腐 │
│   食メカニズム                                          │
│ － トリプルコンタクトポイントの維持管理に関する現状と提案       │
└─────────────────────────────────────────────────────────┘
```

図 1.1.2　検討内容と順序

参考文献

1) 大西弘志, 谷口望, 櫨原弘貴, 佐々木厳, 溝江慶久ほか：複合構造物を対象とした防水・排水技術の現状, 複合構造レポート 07, 土木学会, 2013

2) 日経 BP 社：接合部の配慮で劣化報告なし, 日経コンストラクション, pp.32-37, 2011.10.

3) 日経 BP 社：他人事ではない木曽川大橋の斜材破断, 日経コンストラクション, 2007.7.

（執筆者：西　　弘）

第2章　トリプルコンタクトポイントの腐食事例と防錆技術の変遷

2.1　概要

　H210委員会で行われた文献調査は，基礎研究論文，技術紹介・事例報告，基準・指針類に着目して分類し，トリプルコンタクトポイントにおける防水工の現状と課題がまとめられている．しかし，補修や補強などの対策方法を，今後，検討するためには実構造物での損傷の範囲，特徴などを把握する必要がある．

　そのため，H214委員会では実構造物のトリプルコンタクトポイントにおける腐食事例，対策事例，防錆技術の変遷など，腐食損傷の事例報告が多いトラス斜材埋込み部と鋼管柱埋込み部に着目し，文献調査を行って，腐食原因，腐食パターン，腐食範囲，対策方法や補修・補強方法の事例を整理した．また，トリプルコンタクトポイントにおける維持管理の現状を調べるために，独自アンケートを国家公務員，地方公務員，鉄道会社，高速道路会社，ゼネコン，橋りょうメーカー，PC メーカー，NPO 法人を含むコンサルタント，一般財団法人に配布し，アンケート調査を実施した．

2.2　トリプルコンタクトポイントの腐食事例

　鋼コンクリート境界部は，鋼とコンクリートと水などの腐食因子が接し（トリプルコンタクトポイント），腐食損傷が生じやすい部位である．ここでは，腐食損傷の事例報告が多いトラス斜材埋込み部（**図2.2.1**参照）と鋼管柱埋込み部（**図2.2.2**参照）を取り上げ，既往の腐食調査結果から，同境界部の腐食の特徴について整理する．

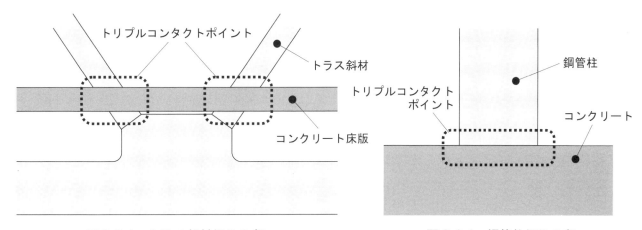

図2.2.1　トラス斜材埋込み部　　　　　　　　図2.2.2　鋼管柱埋込み部

2.2.1 トラス斜材埋込み部

事例 1-1[1]

・腐食は，床版上面側と床版下面側の両方の境界部に集中して発生している．

・境界部以外は，橋梁建設時のさび止め塗装が残り，健全な状態である．

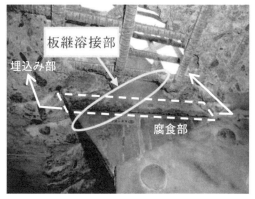

（a）床版上面側　　　　　　　　　　（b）床版下面側

写真2.2.1　トラス斜材埋込み部の腐食状況（事例1-1）[1]に加筆

［文献1）安波ら，トラス橋床版埋設部材の調査報告，土木技術資料，Vol.50, No.5, 写真-3(1)(2), p.53, 2008.5.］

事例 1-2[1])

・腐食は，床版下面側の境界部（桁内面側と背面側）に沿って発生している．

・桁外面側や正面側に腐食は見られない．

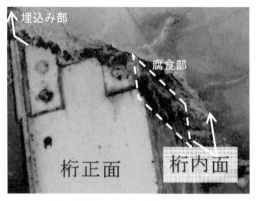

（a）床版下面側（桁外面側）　　　　　　（b）床版下面側（桁内面側）

写真 2.2.2　トラス斜材埋込み部の腐食状況（事例 1-2）[1)に加筆]

［文献 1) 安波ら，トラス橋床版埋設部材の調査報告，土木技術資料，Vol.50，No.5，写真-7，p.54，2008.5.］

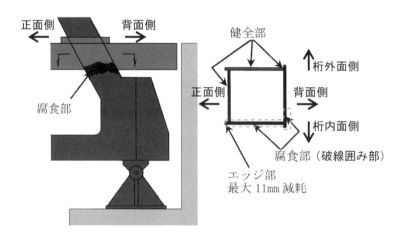

図 2.2.3　トラス斜材埋込み部の腐食状況（事例 1-2）[1)に加筆]

［文献 1) 安波ら，トラス橋床版埋設部材の調査報告，土木技術資料，Vol.50，No.5，図-1，p.54，2008.5.］

事例 1-3[1)]

・腐食は，床版下面側の境界部に集中して発生している．

・境界部以外は，橋梁建設時のさび止め塗装が残存，または薄いさびが生じている程度である．

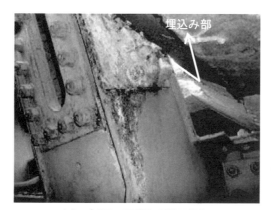 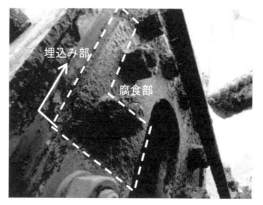

（a）床版下面側（側面側）　　　　　　　　（b）床版下面側（正面側）

写真 2.2.3　トラス斜材埋込み部の腐食状況（事例 1-3）[1)に加筆]

［文献 1）安波ら，トラス橋床版埋設部材の調査報告，土木技術資料，Vol.50，No.5，写真-13，p.55，2008.5.］

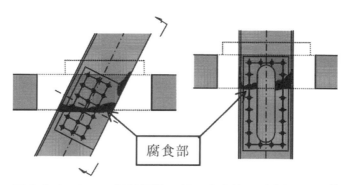

図 2.2.4　トラス斜材埋込み部の腐食状況（事例 1-3）[1)]

［文献 1）安波ら，トラス橋床版埋設部材の調査報告，土木技術資料，Vol.50，No.5，図-2，p.55，2008.5.］

事例 1-4[2)]

・腐食は，床版上面側の境界部から埋込み内部にかけて発生している．

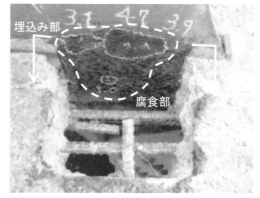

写真 2.2.4　トラス斜材埋込み部の腐食状況（事例 1-4）[2)に加筆]

［文献 2）玉越ら，鋼トラス橋のコンクリート埋込み部材の腐食への対応事例，土木技術資料，Vol.51，No.8，図-2，p.49，2009.8.］

事例 1-5[3)]

・腐食は，床版上面側の境界部から埋込み内部にかけて発生している．

・埋込み部の下方（床版下面側の境界部付近）に腐食に伴う断面欠損が生じている．

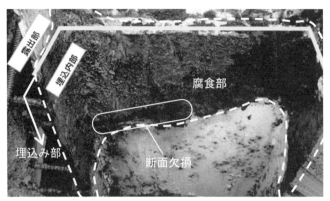

写真 2.2.5　トラス斜材埋込み部の腐食状況（事例 1-5）[3)に加筆]

[文献 3) 玉越ら，道路橋の定期点検に関する参考資料（2013 年版）―橋梁損傷事例写真集―，
国総研資料，第 748 号，写真番号 1.4.41，p.51，2013.7.]

　以上より，トラス斜材埋込み部では，**図 2.2.5**に示すように，床版上面側の境界部と床版下面側の境界部に腐食が集中して発生する事例が多いが，一部，埋込み内部が著しく腐食している事例もある．腐食が集中する箇所は，床版と斜材との隙間の状態，すなわち，水の滞留位置によるものと推測される．

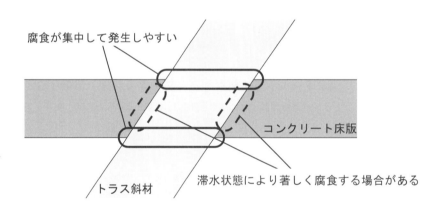

図 2.2.5　トラス斜材埋込み部の腐食の特徴

2.2.2 鋼管柱埋込み部

事例 2-1（防護柵支柱－地覆コンクリート）[4]

- コンクリート中には，鋼材の腐食限界値（1.2～2.5kg/m³ 以上）を超える多量の塩化物イオンが浸透していた．
- 腐食による断面欠損はコンクリート埋設部で顕著であり，露出部の断面欠損は埋設部に比べると軽微である（境界より上側 5～7mm の範囲に軽微な断面欠損）．
- コンクリート表面からの深さが 15mm 以上の範囲では，深さに関係なく概ね同程度の腐食が発生している．

写真 2.2.6　調査対象の防護柵支柱[4]

［文献 4）田中ら，鋼コンクリートの境界部の腐食に関する調査，土木技術資料，Vol.52，No.4，写真-1，p.38，2010.4.］

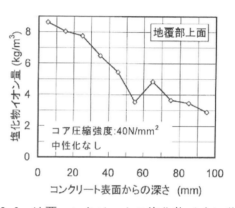

図 2.2.6　地覆コンクリートの塩化物イオン分布[4]

［文献 4）田中ら，鋼コンクリートの境界部の腐食に関する調査，土木技術資料，Vol.52，No.4，図-1，p.38，2010.4.］

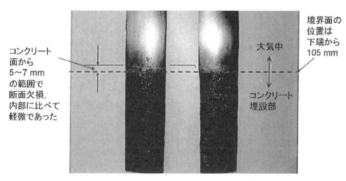

写真 2.2.7　支柱試料のめっき除去後の状況[4]

［文献 4）田中ら，鋼コンクリートの境界部の腐食に関する調査，土木技術資料，Vol.52，No.4，写真-3，p.39，2010.4.］

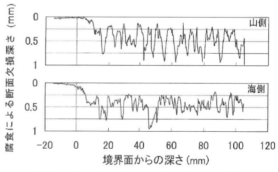

図 2.2.7　腐食断面形状の測定結果[4]

［文献 4）田中ら，鋼コンクリートの境界部の腐食に関する調査，土木技術資料，Vol.52，No.4，図-2，p.39，2010.4.］

事例 2-2 （杭－杭頭部コンクリート）[4]

　　・コンクリート中には，表面から深さ 60mm 程度の位置まで塩化物イオンが浸透していた．

　　・境界部付近〜深さ約 50mm の範囲にかけて，層状の剥離さびが発生している．

写真 2.2.8 調査対象のパイルベント（撤去前）[4]に加筆

［文献 4）田中ら，鋼コンクリートの境界部の腐食に関する調査，
　　土木技術資料，Vol.52，No.4，写真-4，p.40，2010.4.］

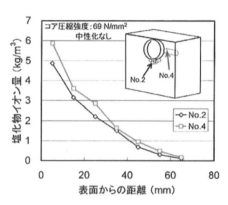

図 2.2.8 コンクリート下面の塩化物イオン分布 [4]

［文献 4）田中ら，鋼コンクリートの境界部の腐食に関する調査，
　　土木技術資料，Vol.52，No.4，図-6，p.41，2010.4.］

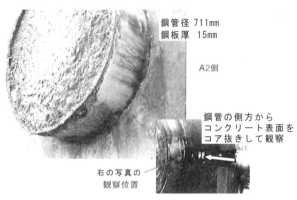

写真 2.2.9 パイルベントの腐食状況 [4]に加筆

［文献 4）田中ら，鋼コンクリートの境界部の腐食に関する調査，
　　土木技術資料，Vol.52，No.4，写真-5，p.41，2010.4.］

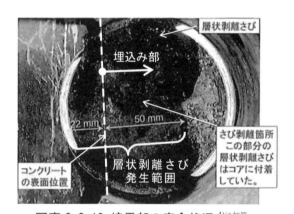

写真 2.2.10 境界部の腐食状況 [4]に加筆

［文献 4）田中ら，鋼コンクリートの境界部の腐食に関する調査，
　　土木技術資料，Vol.52，No.4，写真-6，p.41，2010.4.］

事例 2-3（標識・照明施設等支柱－基礎コンクリート）[5]

・境界部付近で著しい腐食が発生している．

・箱抜きしたコンクリート基礎に間詰めして支柱を建て込んでいる場合，モルタルのひび割れに伴い，内部で腐食が進行している場合がある．

表 2.2.1　路面境界部の腐食事例（文献 5）から一部を抜粋して加筆）

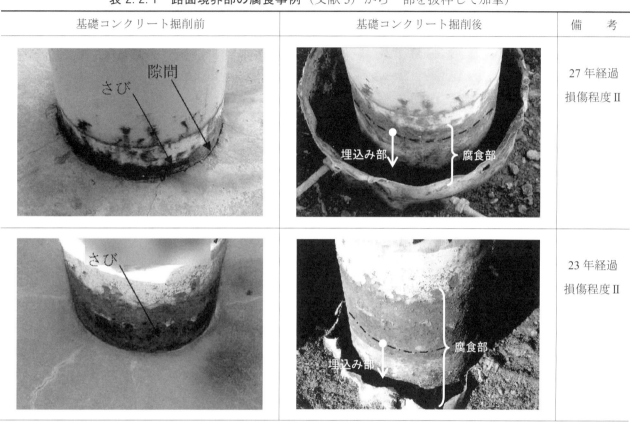

基礎コンクリート掘削前	基礎コンクリート掘削後	備　考
さび　隙間	埋込み部　腐食部	27 年経過 損傷程度 Ⅱ
さび	埋込み部　腐食部	23 年経過 損傷程度 Ⅱ

［文献 5）玉越ら，道路附属物支柱等の劣化・損傷に関する調査—附属物（標識，照明施設等）の点検要領（案）—，
国総研資料，第 685 号，表-2.9(c-1)，p. 45，2012. 4.］

事例 2-4（コンクリート橋脚巻立て鋼板—根巻きコンクリート）6)

・境界部の鋼材露出部（地際上部）に腐食が認められた箇所では，境界部から深さ 130mm の位置の埋込み内部にも腐食が生じている.

・境界部の鋼材露出部（地際上部）に腐食が認められなかった箇所では，埋込み内部にも腐食は生じていない.

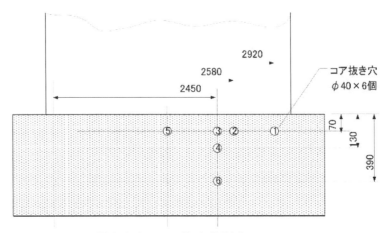

図 2.2.9　コア抜き箇所 6)

［文献 6）土木学会，複合構造物を対象とした防水・排水技術の現状，複合構造レポート 07，図 2.3.5，p. 140，2013.7.］

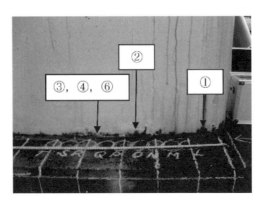 

写真 2.2.11　コア抜き箇所の境界部の腐食状態 6)

［文献 6）土木学会，複合構造物を対象とした防水・排水技術の現状，複合構造レポート 07，写真 2.3.9，p. 140，2013.7.］

表 2.2.2　腐食調査結果（文献 6）から一部を抜粋）

測定箇所	①	②	③	④	⑤	⑥
鋼板目視観察（地際上部）	さび有り	さび有り	さび有り	さび有り	さび無し	さび無し
鋼板目視観察（コアリング）	さび有り	さび有り	さび有り	さび有り	さび無し	さび無し

［文献 6）土木学会，複合構造物を対象とした防水・排水技術の現状，複合構造レポート 07，表 2.3.1，p. 140，2013.7.］

　以上より，鋼管柱の埋込み部では，境界部からコンクリート内部にかけて腐食している事例が多く，鋼管柱とコンクリートの隙間から水が侵入・滞留して，内部の腐食が進行しているものと予想される．また，隙間が生じていない場合であっても，コンクリート中に塩化物イオンが浸透する環境下では，その浸透範囲に応じて腐食が生じるおそれがある．田中ら[4]は，このような鋼管柱の埋込み部の腐食のパターンを下図のように 3 つに分けて説明している．

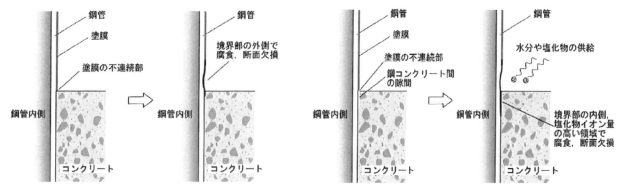

(a) 主として鋼材露出部が腐食する場合　　　(b) 気中，コンクリート中の両方で腐食する場合

（コンクリート中は塗装されていない場合の例）

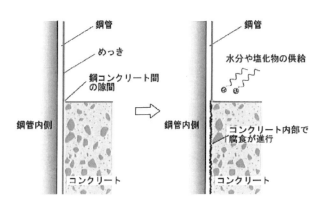

(c) 主としてコンクリート中で腐食する場合

（外見上はあまり腐食していなくとも，コンクリート中で腐食が進行する場合がある）

図 2.2.10　鋼管柱埋込み部の腐食パターン[4]

［文献 4)　田中ら，鋼コンクリートの境界部の腐食に関する調査，土木技術資料，Vol. 52, No. 4, 図-8, p. 43, 2010. 4.］

2.3　トリプルコンタクトポイントの塗装仕様

2.3.1　コンクリートに接する鋼材面の塗装仕様

　コンクリートに接する鋼材面の塗装に関し，現行の鋼道路橋防食便覧（2014 年版）[7]では，「主桁や縦桁上フランジなどのコンクリート接触部は，さび汁による汚れを考慮し無機ジンクリッチペイントを 30μm 塗布するのがよい.」としており，実際の構造物においても，この記述に従って無機ジンクリッチペイントを塗布している事例が多い．しかしながら，同便覧にこの記述がなされたのは，2005 年版[8]からであり，それ以前には接触部に関する記述は無かった.

　道路橋における 2005 年以前の接触部の塗装については，1988 年度に行われた鋼橋技術研究会によるアンケートの結果[9]から知ることができる．このアンケートでは，鋼橋の製作を行っている 10 工場に対して塗装施工の現状を尋ねており，その中で，コンクリート接触部（アンケートでは埋設部と記載）の塗装仕様に関する問いに対し，10 工場中 9 工場が「無塗装（プライマーは除去しない）を主体としている」と回答していた．なお，このプライマーとは鉄鋼メーカー等の鋼板製造工場で塗布するエッチングプライマーあるいは無機ジンクリッチプライマーのことであると推測される．ただし，別の問いで，上記 9 工場のすべてが，架設までの期間があき，製作した部材を 6 ヶ月以上の長期にわたって保管する場合には，ブラスト処理を施したうえでプライマーを改めて塗布すると回答しており，そのうちの 5 工場は 3 ヶ月以上の保管期間でプライマーを塗布するとしていた．また，中には，保管期間によってプライマーを使い分けている工場もいくつかあり，3 ヶ月以上の場合にはエッチングプライマーを，6 ヶ月以上の場合には無機ジンクリッチプライマーを塗布するとのことであった．なお，プライマーの塗布量は，材料によらず，一般に 15μm 程度であり，この際のプライマーの塗布量も同程度であったことが推測される．

　鉄道橋における接触部の塗装は，2016 年版の鉄道構造物等設計標準・同解説 鋼とコンクリートの複合構造物[10]において，コンクリートに覆われた鋼材に関し，コンクリートのひび割れ，中性化および塩化物イオン等による鋼材の腐食が発生しないことを確認できる場合，鋼材の接触面は塗装しなくてよいとの記載があり，コンクリート床版を有する鋼桁の上フランジ上面の塗装も基本的にこの規定に従って無塗装としている．ただし，施工時には，製作からコンクリート打込みまでの期間や環境条件に応じて，鋼材表面の防錆・防食について検討する必要があるとの記載もあり，実情としては道路橋と同様に，無機ジンクリッチペイント等を塗布していることがほとんどと考えられる．一方，CFT 柱基部の埋込み部や H 鋼埋込み桁のように，コンクリートから鋼材の一部が外部に露出する場合，コンクリート内部の鋼材は無塗装を基本としながらも（実際には無機ジンクリッチペイント等を塗布），境界部にシーリング材を施すことやコンクリートへの埋込み部も含めて塗装することなど，適切な腐食対策を施す必要があるとし，SRC 構造物のディテール集[11]には，図 2.3.1 に示すように，コンクリートへの埋込み部の標準的な塗装範囲が示されている.

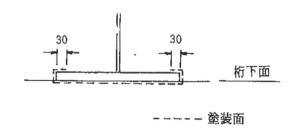

図 2.3.1　コンクリートへの埋込み部の塗装範囲 [11]

［文献 11）鉄道総合技術研究所，SRC 構造物ディテール集，p.53，1987.9.］

接触部にプライマーやジンクリッチペイントを塗布することによる防錆の効果に関し，鋼コンクリート合成床版を対象とした腐食促進試験が行われている[12]．この試験では，**図 2.3.2** に示す合成床版を模擬した梁型の模型試験体を作製し，コンクリート内に埋設される鋼材の表面処理方法をパラメータにしている．また，凍結防止剤等の散布による塩化物イオンの床版内への侵入を想定して，コンクリートの練り混ぜ水に塩分濃度が 3%になるだけの塩化ナトリウムを加えるとともに，硬化後，試験体の上下を反転して 4 点曲げ載荷し，リブ位置のコンクリートに最大 0.3mm のひび割れを導入している（**図 2.3.3** 参照）．なお，試験体側面のひび割れは，補修用モルタルの塗布とアルミテープの貼付により塞いで，試験体内部の水分が側面から流出しないようにし，実物の腐食環境になるべく近くなるように配慮している．

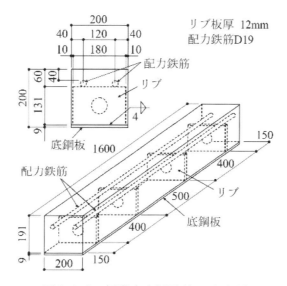

図 2.3.2　促進腐食試験体の寸法 [12]

［文献 12）春日井ら，鋼・コンクリート合成床版の鋼材防食に関する研究，
コンクリート工学年次論文集，Vol. 32, No. 1, 図-2, p. 1111, 2010.］

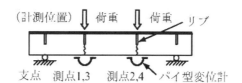

図 2.3.3　促進腐食試験体へのひび割れ導入方法とひび割れ幅の計測方法 [12]

［文献 12）春日井ら，鋼・コンクリート合成床版の鋼材防食に関する研究，
コンクリート工学年次論文集，Vol. 32, No. 1, 表-7, p. 1112, 2010.］

試験は，高温，高圧の蒸気養生の装置であるオートクレーブを用いて行われた．試験終了後にコンクリートをはつって観察された試験体鋼材の発錆状況を**写真 2.3.1** に示す．(a)の無塗装の試験体では，リブとリブ近傍の底鋼板に錆が発生し，その発錆面積率はリブが 78%，底鋼板が 54%であった．また，(b)の原板プライマー（無機ジンクリッチプライマー）を塗布した試験体では，プライマーを補修したリブの孔まわりと溶接部に錆が多く発生し，発錆面積率はリブが 20%，底鋼板が 17%であった．(c)の有機ジンクリッチペイントを塗布した試験体，(d)の無機ジンクリッチペイントを塗布した試験体には錆は発生していない．

この試験で塗布された有機・無機ジンクリッチペイントの塗膜厚は 75μm であり，上記に示した鋼道路橋防食便覧に記載の厚みよりも 2 倍以上大きいため，あくまで参考にすぎないが，有機・無機ジンクリッチペイントによる防食は，無塗装あるいはプライマーのみ塗布した場合に比べれば，高い耐久性を有しているものと考えられる．

(a) 無塗装（ブラストのみ）

(b) 原板プライマー15μm と部分的な補修塗装

(c) ブラスト後に有機ジンクリッチペイント 75μm

(d) ブラスト後に無機ジンクリッチペイント 75μm

写真 2.3.1　試験後の発錆状況 [12]に加筆

［文献 12）春日井ら，鋼・コンクリート合成床版の鋼材防食に関する研究，
コンクリート工学年次論文集，Vol. 32, No. 1, 写真-6, p. 1114, 2010.］

2.3.2 1960〜1970 年代におけるトラス斜材埋込み部の塗装仕様

　コンクリートと鋼材を接合する構造ではないが，これらが接触する構造に，トラス橋斜材と歩道コンクリートの貫通構造がある．この貫通構造は，1960 年代に建設されたトラス橋に多く見られるが [13]，同構造における斜材埋込み部の塗装仕様は上記の無塗装あるいはプライマーといった仕様とは異なるようである．

　写真 2.3.2 は 1960 年代後半に建設された道路トラス橋の斜材埋込み部の周囲コンクリートをはつって観察した結果 [1]であり，写真 2.3.3 は 1970 年代前半に建設された鉄道トラス橋の同結果 [14],[15]である．いずれも，埋込み部の鋼材面に塗装を確認することができ，文献 1),14),15)でも，埋込み部の鋼材には建設当時の錆止め塗装が残っていたと報告している．

　ここで，これらのトラス橋が建設された 1960 年代後半から 1970 年代前半にかけて採用されていた塗装仕様について確認する．日本道路協会の鋼道路橋塗装便覧（1971 年版）[16]ならびに日本国有鉄道の土木工事標準示方書（1969 年版）[17]によると，当時は，橋梁製作工場にて錆止めペイントを塗布して部材輸送し，架設後，現場でフタル酸樹脂塗料を上塗り塗装していたことがわかる．このように塗装を工場と現場とで分けて行っていたのは，工場から現場までの運搬や架設工事の際に，塗膜に損傷が生じるのを回避するためであり，一般に，現場での上塗り塗装は，部材架設を終え，床版打設が完了した後に行われていたようである [18]．よって，写真 2.3.2 や写真 2.3.3 で確認できる錆止め塗装は，製作工場にて塗布された錆止めペイント（鉛丹あるいは鉛系）であると推測される．

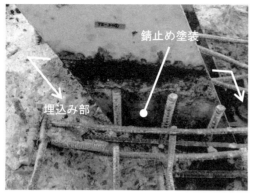

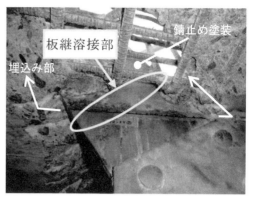

（a）床版上面側　　　　　　　　　　　　　（b）床版下面側

写真 2.3.2　1960 年代に建設された道路橋トラス斜材埋込み部の塗装 1)に加筆

［文献 1）安波ら，トラス橋床版埋設部材の調査報告，土木技術資料，Vol.50，No.5，写真-3(1)(2)，p.53，2008.5.］

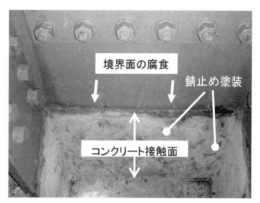

写真 2.3.3　1970 年代に建設された鉄道橋トラス斜材埋込み部の塗装 14)に加筆

［文献 14）久須美ら，鉄道橋におけるトラス斜材とコンクリート床版交差部について（調査結果），
土木学会第 63 回年次学術講演会，1-442，写真 5，p.884，2008.9.］

2.3.3　上塗り塗装に用いられる塗料の耐アルカリ性

　上記のとおり，トラス斜材をコンクリートに貫通させる構造が採用されていた 1960〜1970 年代において，鋼材の上塗り塗装にはフタル酸樹脂塗料が一般的に用いられていたが，表 2.3.1 に示すとおり，同塗料はアルカリに対して非常に弱いことが知られている．

表 2.3.1　上塗り塗装に用いられる塗料の耐アルカリ性（塗装メーカーのカタログを参考に整理）

	フタル酸樹脂	ポリウレタン樹脂	エポキシ樹脂 （変性エポキシ樹脂）	ふっ素樹脂	アクリル樹脂
日本ペイント[19]	×	○	◎	○	－
関西ペイント[20]	×	◎	◎	◎	○

凡例）◎：非常に良い，○：良い，△：やや劣る，×：劣る，－：記載なし

　上塗り塗装に用いられるフタル酸樹脂塗料には，フタル酸を油や脂肪酸で変性した長油性フタル酸樹脂を使用するのが一般的である．長油性フタル酸樹脂は，**図2.3.4**に示すように，グリセリンとフタル酸が交互にエステル結合した長い鎖構造を基本骨格とし，それぞれのグリセリンの一部に脂肪酸がエステル結合して，多数の脂肪酸の側鎖を有している．このように，長油性フタル酸樹脂の化学構造にはエステル結合が含まれるため，**図2.3.5**に示すように，アルカリによって加水分解される特徴をもつ．このエステル加水分解と呼ばれる不可逆反応により，長油性フタル酸樹脂はスポンジ状に膨潤し，水を含みやすい状態になる．

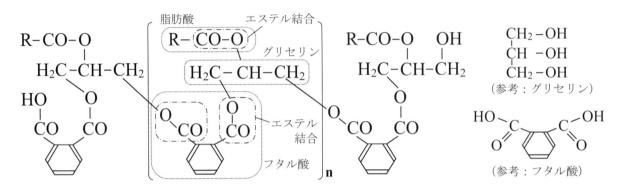

図2.3.4　長油性フタル酸樹脂の化学構造（模式図）

$$R-\overset{\overset{\displaystyle O}{\|}}{C}-O-R' \;+\; {}^-OH \;\longrightarrow\; R-\overset{\overset{\displaystyle O}{\|}}{C}-O^- \;+\; R'-OH$$

例）$RCOOH + NaOH \rightarrow RCOONa + H_2O$

図2.3.5　エステルのアルカリ成分との不可逆反応（エステル加水分解）

　よって，1960〜1970年代のトラス斜材埋込み部のように，コンクリートに接する鋼材の塗装に長油性フタル酸樹脂塗料を用いた場合には，塗膜に膨れや剥離が生じやすくなり，鋼材の腐食を促進するおそれがあるものと考えられる．

2.4　トリプルコンタクトポイントに関するアンケート調査

2.4.1　調査概要

　トリプルコンタクトポイントにおける維持管理の現状を調べるために独自アンケートを国家公務員，地方公務員，鉄道会社，高速道路会社，ゼネコン，橋りょうメーカー，PC メーカー，NPO 法人を含む建設コンサルタント，一般財団法人に配布し，アンケート調査を実施した．アンケートの回答数は 54 人であり（アンケートの内容によって回答件数は異なる），内訳は国家公務員，地方公務員が 23 人（43.4%），鉄道会社，高速道路会社等が 1 人（1.9%），ゼネコン，橋りょうメーカー，PC メーカーが 3 人（5.7%），建設コンサルタント（NPO 法人含む）が 25 人（47.2%），一般財団法人が 1 人（1.9%）となっている．

2.4.2　調査結果と考察

（1）構造物の建設時にトリプルコンタクトポイントの防水対策は行われていますか？

　47 件の回答があり，「対策している」が 31.9%，「対策していない」が 68.1% となっている．過半数が無対策であることから，トリプルコンタクトポイントの重要性についてさらに普及活動が必要である．

図 2.4.1　トリプルコンタクトポイントの防水対策について

（2）鉛直あるいは斜めに接する部位の防水処理はどのような方法にて対策をされていますか？

　　（例：トラス橋などの構造で斜材とコンクリート床版との境界部など）

　19 件の回答で，「シール材を設置する」が 45.0%，「鋼とコンクリートに隙間を設ける」が 50.0% となっている．その他の回答が 5%（1 件）であることから，鉛直あるいは斜めに接する部位における対策方法は上記 2 つの方法が基本であると考えられる．

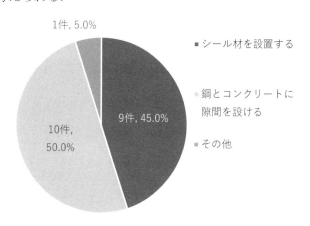

図 2.4.2　鉛直あるいは斜めに接するトリプルコンタクトポイントの防水処理方法ついて

(3)　(2)の質問で，「その他」とはどのような方法ですか？

1件の回答があり，「密着防錆材の境界部への塗布」と回答があった．

(4)　水平に接する部位の防水処理はどのような方法にて対策をされていますか？

　（例：合成床版などの構造で，コンクリート床版と鋼板との境界部などの部位）

18件の回答があり，「水抜き孔など排水に対する処理を行う」が83.3%，「鋼とコンクリートに隙間を設ける」が0%，「その他」が16.7%となっている．水平に接する部位の防水処理は「水抜き孔など排水に対する処理を行う」ことが基本であると考えられる．

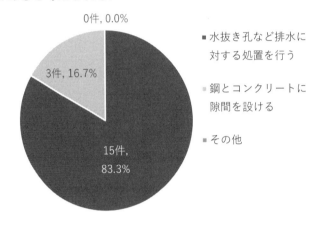

図2.4.3　水平に接するトリプルコンタクトポイントの防水処理方法について

(5)　(4)の質問で，「その他」とはどのような方法ですか？

3件の回答があり，「設問のような合成床版の設計経験はないが，実施するとすれば水抜き孔を設置する」との回答が2件，「樟脳栓（合成床版モニタリング孔用止水栓）」が1件と回答があった．

(6)　建設時に鋼とコンクリートの境界部および境界部よりさらにコンクリート内部の鋼板の塗装はどのように対策されましたか？

32件の回答があり，「①鋼材が外部に露出した部分のみを塗装した」が46.9%，「②境界部よりコンクリート内部にも塗装した」が28.1%，「③その他」が25.0%となっている．2005年以前の鋼道路橋防食便覧では防食処理に関して記載されていないことから，約半数が鋼材の露出した部分のみの塗装となっていることも考えられる．

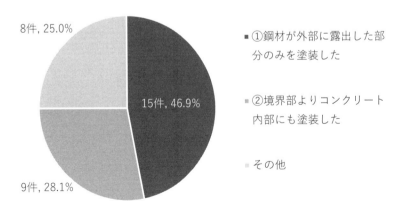

図2.4.4　コンクリート内部の鋼板の塗装について

（7）（6）の質問で，「①鋼材が外部に露出した部分のみを塗装した」とお答えした方にお聞きします．塗装の種類を教えてください．

10件の回答があり，「C-5系塗装」が3件，「C系塗装」が1件，「Rc-Ⅰ系塗装」が1件，「Rc-Ⅲ系塗装」が1件，「フッ素系塗装」が1件，「通常の塗装」が1件，「ジンクリッチ」が1件，「不明」が1件となっていてさまざまである．

（8）（6）の質問で，「②境界部よりコンクリート内部にも塗装した」とお答えした方にお聞きします．塗装の種類と塗装した範囲を教えてください．

7件の回答があり，「Rc-Ⅰ」，「無機ジンクリッチペイント75μ」，「旧塗装系、対象範囲全て」，「フッ素系範囲不明」，「溶融亜鉛めっき　工場においてジンクリッチにより塗装」，「フランジ上，有機ジンクリッチペイント」と1件ずつの回答があり，(7)の問いと同様，塗装の種類はさまざまであった．

（9）（6）の質問で，「③その他」とお答えした方にお聞きします．どのような方法ですか？

6件の回答があり，「不明」が4件，「設問のようなケースに関する設計経験はないが，実施するとすれば鋼部材外面に塗装する」が2件の回答があった．

（10）これまでに建設された構造物のトリプルコンタクトポイントで損傷は認められましたか？

25件の回答があり，「損傷は認められた」が16.0%，「損傷は認められていない」が84.0%であった．損傷が認められていない回答が8割以上を占めている．

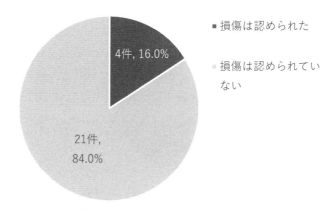

■損傷は認められた

損傷は認められていない

図2.4.5　トリプルコンタクトポイントの損傷について

（11）（10）の質問で「損傷は認められた」とお答えした方にお聞きします．どの部位に損傷が生じていましたか？

4件の回答があり，「鋼製橋脚基部」が1件，「トラス橋の床版との境」が1件，「地表との境界部分」が2件の回答であった．損傷部位のほとんどが鋼とコンクリートの境界部分に生じている．

（12）（10）の質問で「損傷は認められた」とお答えした方にお聞きします．建設後何年経ってから見つかりましたか？

3件の回答があり，「30年ぐらい」，「20～30年程度」，「わからない」の回答であった．約20年経過ごろから損傷が認められるようになると考えられる．

（13）（10）の質問で「損傷は認められた」とお答えした方にお聞きします．建設時の処理方法は何かしましたか？

　3件の回答があり，「塗装のみ」，「わからない」，「不明（塗装のみ）」のそれぞれ1件の回答であった．

（14）（10）の質問で「損傷は認められた」とお答えした方にお聞きします．損傷の種類は何ですか？

　4件の回答があり，「塗装の劣化，腐食」が3件，「破断」が1件の回答であった．

（15）（10）の質問で「損傷は認められた」とお答えした方にお聞きします．損傷の程度はどの程度ですか？

　3件の回答があり，「重度」，「断面減少や孔食」，「部分欠損」とおおむね断面欠損を伴う腐食となっている．

（16）（10）の質問で「損傷は認められた」とお答えした方にお聞きします．損傷に対する対策は何かしましたか？

　4件の回答があり，「再塗装後シール材設置」，「撤去」，「当て板補修」，「金属パテ・当て板と塗装」の回答があった．

（17）（10）の質問で「損傷は認められていない」とお答えした方にお聞きします．損傷の発生を気にかけている部位はありますか？

　22件の回答があり，「ない」が59.1%，「ある」が40.9%の回答があった．

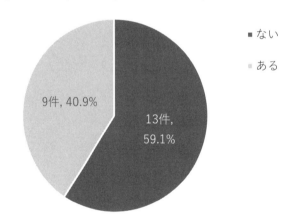

■ない
■ある

9件，40.9%
13件，59.1%

図2.4.6　損傷の発生に気にかけている部位について

（18）（10）の質問で「損傷は認められていない」とお答えした方にお聞きします．気にかけている部位はどの部位ですか？

　9件の回答があり，「壁高欄のひび割れからの床版への水の侵入」が1件，「境界部」が2件，「埋込み部」が1件，「継手等からの雨水の侵入によって想定外の滞水等が生じる可能性」が1件，「コンクリートと鋼の境界部分」が1件，「排水管からの流出部」が1件，「斜張橋のケーブル」が1件，「地際部」が1件の回答であった．主に水に関わる部位に対して気にかけていることがわかる．

（19）（10）の質問で「損傷は認められていない」とお答えした方にお聞きします．建設後，何年経っていますか？

　11件の回答があり，「10年」が1件，「50年」が2件，「15年」が1件，「2年」が1件，「3～15年」が1件，「30～40年」が2件，「5年」が1件，「1～80年」が1件，「35年」が1件の回答であった．経過年数はさまざまであるが，80年経過しているものでも損傷が認められていないことがわかった．

（20）（10）の質問で「損傷は認められていない」とお答えした方にお聞きします．建設時に何か対策されましたか？

　9件の回答があり，「特にない」が3件，「斜材と床版を縁切り」，「境界部にシール」，「水抜き孔，隙間」，「排水管の更新」，「建設当時の便覧に準拠」，「点検のみ」がそれぞれ1件の回答であった．「特にない」が3件あるが，水の侵入に関する対策を施していることがわかった．

参考文献

1)　安波博道，中島和俊：トラス橋床版埋設部材の調査報告，土木技術資料，Vol.50，No.5，pp.52-55，2008.5.

2)　玉越隆史，梁取直樹，高岡賢治：鋼トラス橋のコンクリート埋込み部材の腐食への対応事例，土木技術資料，Vol.51，No.8，pp.49-50，2009.8.

3)　玉越隆史，大久保雅憲，星野誠，横井芳輝，強瀬義輝：道路橋の定期点検に関する参考資料（2013年版）―橋梁損傷事例写真集―，国総研資料，第748号，p.51，2013.7.

4)　田中良樹，村越潤：鋼コンクリートの境界部の腐食に関する調査，土木技術資料，Vol.52，No.4，pp.38-43，2010.4.

5)　玉越隆史，星野誠，市川明弘：道路附属物支柱等の劣化・損傷に関する調査―附属物（標識，照明施設等）の点検要領（案）―，国総研資料，第685号，pp.38-47，2012.4.

6)　大西弘志，谷口望，櫨原弘貴，佐々木厳，溝江慶久ほか：複合構造物を対象とした防水・排水技術の現状，複合構造レポート07，土木学会，2013.

7)　公益社団法人　日本道路協会：鋼道路橋防食便覧，2014.5.

8)　社団法人　日本道路協会：鋼道路橋塗装・防食便覧，2005.12.

9)　鋼橋技術研究会　防錆設計技術研究部会：昭和63年度研究成果報告書，PART-2　塗装施工上の問題，1989.7.

10)　鉄道総合技術研究所：鉄道構造物等設計標準・同解説，鋼とコンクリートの複合構造物，2016.1.

11)　鉄道総合技術研究所：SRC構造物ディテール集，p.53，1987.9.

12)　春日井俊博，入部孝夫，竹下永造，三浦尚：鋼・コンクリート合成床版の鋼材防食に関する研究，コンクリート工学年次論文集，Vol.32，No.1，pp.1109-1114，2010.

13)　山田健太郎：鋼橋の長寿命化における塗替え塗装の重要性－木曽川大橋の斜材の破断事故の教訓－，Structure painting，Vol.36，No.1，pp.2-9，2008.

14)　久須美賢一，成嶋健一，行澤義弘：鉄道橋におけるトラス斜材とコンクリート床版交差部について（調査結果），土木学会第63回年次学術講演会，1-442，2008.9.

15)　行澤義弘，成嶋健一，松田芳則，久須美賢一：トラス斜材とコンクリート床版交差部について，SED，No.30，pp.14-19，2008.5.

16)　日本道路協会：鋼道路橋塗装便覧，1971.11.

17)　日本国有鉄道：土木工事標準示方書，1969.8.

18)　鋼橋技術研究会：施工部会報告書IV，鋼橋防錆方法の課題に関する検討，第 2 章　全工場塗装の仕様と問題点，2002.9.

19)　日本ペイント株式会社：塗装ガイドブック　プラント，2015.9.

20)　関西ペイント株式会社：建築塗装ガイドブック，2010.9.

（執筆者：溝江慶久，石澤俊希，石田　学，西　弘）

第3章　トリプルコンタクトポイントの腐食メカニズムに関する各種検討

3.1　概要

　鋼材とコンクリート界面部において，局部的に鋼材が腐食する事例が散見されてきている．その中でも特に，鋼およびコンクリートと水が接触する，鋼材とコンクリートの界面「トリプルコンタクト」において重大な腐食損傷に至った事例が多い．この代表的な事例として挙げられるのが，2007年に国道23号木曽川大橋においてコンクリート床版とトラス斜材との境界部の鋼材に腐食損傷が確認され，腐食が進行したことで部材破断にまで至ったものである．損傷は，いずれも目視検査時に目の届きにくい部位となる場合も多く，腐食損傷が外観に現れ難いものが多い．これらに関する試験事例は，これまでにも報告されてきているが，裸鋼材を用いた試験事例が多く，いずれも鋼板露出部の腐食が先に進展する結果となっている．ただし，実構造物においては，コンクリートと鋼板の界面部およびコンクリート内部にて腐食が進展するケースが多い．一般的に実構造物の鋼材には，建設中において鋼板の腐食を防ぐ目的として，無機ジンクリッチペイントが施された鋼板が搬入されている．さらに，既存構造物においては，コンクリート内部はアルカリ性のため，腐食しないとの考えのもとで，上塗り材としての防錆材がコンクリート埋込部の鋼板に塗装されていないケースも数多く報告されている．そのため，無機ジンクリッチペイントが実構造物の埋込部の腐食に何らかの影響を及ぼしていると考えられる．

　一方で，鋼製柱がコンクリートフーチングなどに埋め込まれている境界部においては，鋼板塗装材の剥がれや鋼材の腐食が散見されている．このような箇所では，コンクリートと鋼材との間に隙間が生じており，塗膜の一部が鋼板から剥がれコンクリート側に付着している状況も見られている．

　そこで本章では，実構造物で一般的に用いられている無機ジンクリッチペイント等を施した鋼板を用い，腐食特性を把握するための試験事例の中から，「**3.2　塗装が鋼とコンクリート界面部における腐食特性に与える影響**」および「**3.3　鋼とコンクリート界面部における水分浸透の評価**」，「**3.4　鋼コンクリート接触面の付着試験**」を中心に，取り纏めて示す．

3.2　塗装が鋼とコンクリート界面部における腐食特性に与える影響

3.2.1　はじめに

　複合構造物における腐食特性は，鋼とコンクリートの界面部あるいは，コンクリート内部で腐食が進展するケースが多い．これまでの研究報告等では，裸鋼板を用いての試験が多く，鋼板露出部がアノード側にコンクリート内部がカソード側となるため，露出部が先行して腐食が進展している．実構造物で見られる腐食形態とは異なっており，その要因として一般的に実構造物で用いられている鋼板塗装がこれらの腐食形態の違いに影響を与えていると予想された．そこで，ここでは，**図3.2.1**に示す波形鋼板ウェブ橋の下床版埋込部を模擬して，モルタルに塗装鋼板を埋め込んだ供試体を用いた．この供試体により，塩水噴霧試験および海洋環境下での暴露試験を実施して，腐食特性について検討を行った．

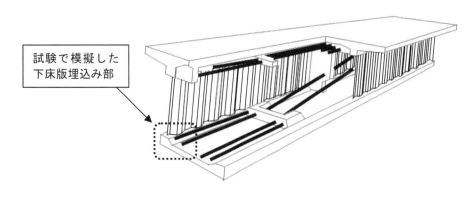

図3.2.1　模擬した波形鋼板ウェブ橋の概略

3.2.2　試験概要

（1）試験に用いた基盤モルタルおよび鋼板

　基盤モルタルの配合は，塩分浸透を促進させる目的で，一般的なコンクリート橋上部工よりも高い水セメント比50%で作製した．鋼板は，一般的に実構造物で建設中の鋼材を防食する目的で使用されているZnを含有する無機ジンクリッチペイント75μmで塗装したものを用いた．

（2）供試体の概要

　供試体は，**図3.2.2**に示すように100mm×100mm×50mmの角柱モルタル内に100mm×75mm×9mmの鋼板を深さ50mm位置まで埋設したものを作製した．鋼板厚さは，実構造物で使用されているものと同様にした．供試体の水準は，鋼板に損傷がないものを「標準供試体」とし，市販のカッターナイフを用いて鋼板とコンクリートの界面部の鋼板に損傷を与えたものを損傷供試体とした（**写真3.2.1**）．損傷供試体の損傷がモルタルの界面部に位置するものを「損傷（界面部）」，界面部から深さ10mmのモルタル内に損傷が位置するものを「損傷（Con内部）」として，それぞれ6体作製した．損傷を予め与えた鋼板は，建設時に何らかの損傷が生じたことやコンクリートと無機ジンクリッチペイントの付着力が乾燥収縮や熱伝導率の相違による膨張・収縮により低下したことを想定したものとなっている．

　供試体の作製後は，コンクリート部を温度20℃の環境下で湿布養生を行った後に，上面と底面を除いて，すべてアルミテープで被覆してから塩水噴霧試験および海洋環境下に静置して腐食促進を行った．塩水噴霧試験による腐食促進は，10%の塩化ナトリウム水溶液を40℃の環境下で5日間噴霧し，その後は，湿度60%・温度20℃の環境下で2日間乾燥する工程とした，計7日間の促進を1サイクルとして，20サイクル，60サ

イクル，100 サイクルで詳細調査を実施している．各サイクルにて 1 水準あたり，3 体のうち 1 体を解体して塩化物イオンの浸透状況および腐食状況について評価を行った．なお，促進サイクルが 25 サイクルに達した際に，塩水噴霧装置に不具合が生じたため，その代わりとして，3%濃度の塩化ナトリウム水溶液を吸水させたシートで 5 日間被う工程と，温度 20℃・湿度 60%環境下で 2 日間乾燥する工程を 1 サイクルとした促進試験に切り替えている．一方，海洋環境下での暴露試験は，2017 年 4 月に**写真 3.2.2** に示す沖縄県の沿岸部に供試体を設置し，2018 年 12 月（暴露期間 20 ヶ月）の時点で各水準 1 体を解体して，塩化物イオンの浸透状況ならびに鋼板の腐食状況を評価した．

　図 3.2.3 には，暴露環境の情報として 2017 年 4 月〜2018 年 5 月までの約 1 年間の気温と湿度の経時変化を示している．また併せて，無機ジンクリッチペイント無しの鋼板および無機ジンクリッチペイント有り鋼板，無機ジンクリッチペイント有りの鋼板にカッターナイフで損傷を与えたものも併せて暴露を行った．

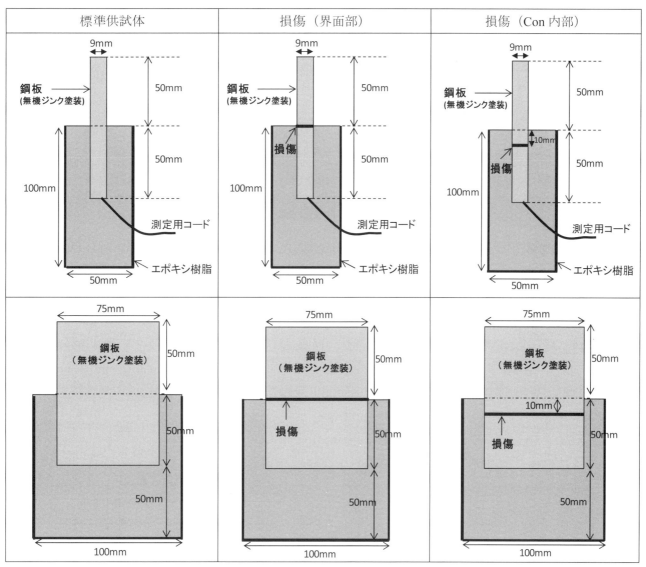

※　図中の無機ジンク塗装は無機ジンクリッチペイントのことを示している．

図 3.2.2　供試体の概要

鋼板にカッターナイフにて損傷を与えている

写真 3.2.1　損傷供試体（鋼板の損傷状況）

写真 3.2.2　供試体の設置状況

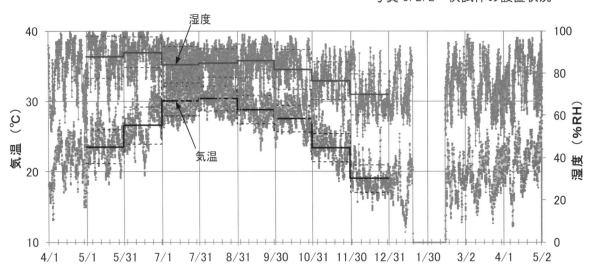

図 3.2.3　1年間の湿度・気温の変化（海洋環境下）

3.2.3　試験方法

（1）外観変化および定期測定

定期的に，デジタルカメラにて外観観察を行った．

（2）全塩化物イオン量

図 3.2.4 には，全塩化物イオン量を測定するために採取した試料位置を示す．解体した供試体の鋼板との接触面において，**図 3.2.4** に示すようにモルタルと鋼板の界面部から深さ方向に 10mm，20mm，30mm，40mm 位置で等間隔に 3 箇所ずつ ϕ9mm のコンクリート用ドリルの先端を当てた．ドリルにより深さ 5mm 位置までの粉体を採取し，3 箇所の試料を混合したものを測定試料とした．その後，JIS A 1154 に準じて電位差滴定装置により全塩化物イオン量の測定を行った．

（3）鋼板の外観観察および腐食面積率

鋼板の外観（腐食状況）観察は，デジタルカメラにて行った．また，取り出した鋼板にセロハンを巻き付けて腐食部分を描写した後，画像処理にて腐食面積率を算出した．

（4）鋼板の腐食重量

JCI-SC1「コンクリート中の鋼材の腐食評価方法」に準拠して，濃度 10%のクエン酸二アンモニウム水溶液に 2

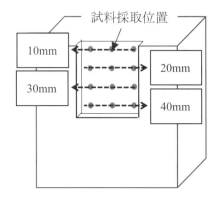

図 3.2.4　全塩化物イオン量測定のための
粉体採取位置

日間浸漬して腐食生成物を除去した．その後は，浸漬前と浸漬後の重量差から鋼板の腐食量を算出した．

3.2.4　結果および考察

（1）塩水噴霧試験

　図3.2.5には，塩水噴霧試験における各サイクルでの鋼板の腐食状況を示す．20サイクル終了時における健全供試体での腐食状況は，大気部と埋込部の界面付近に腐食が見られ，埋込部側に腐食が分布していた．一方，界面部に損傷が位置するものは，埋込内部で所々に腐食が見られる程度であった．界面部から10mmに損傷が位置するものは，損傷箇所においても腐食を確認することができなかった．むしろ内部に損傷が存在した方が腐食の進展が低減される状況であった．これは，無機ジンクリッチペイントに含まれるZnが損傷によって溶出しやすくなり，犠牲陽極として機能したものと考えられる．また，いずれも腐食が確認されていない箇所の塗装材は，目視ではあるが，健全性が保たれているようであった．

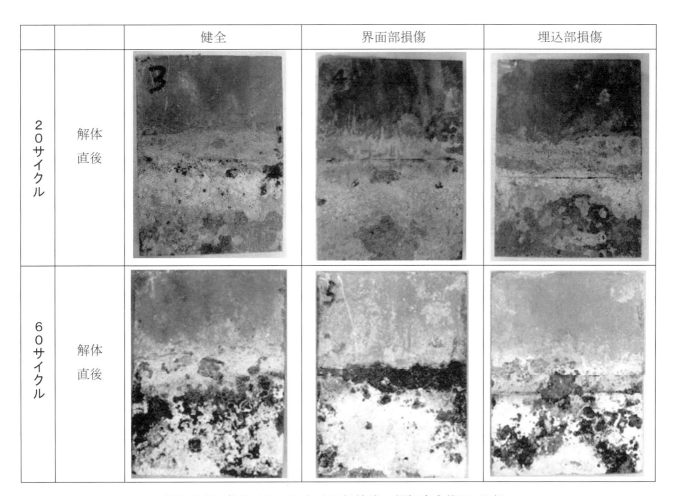

		健全	界面部損傷	埋込部損傷
20サイクル	解体直後			
60サイクル	解体直後			

図3.2.5　各サイクルにおける解体後の鋼板腐食状況（1/2）

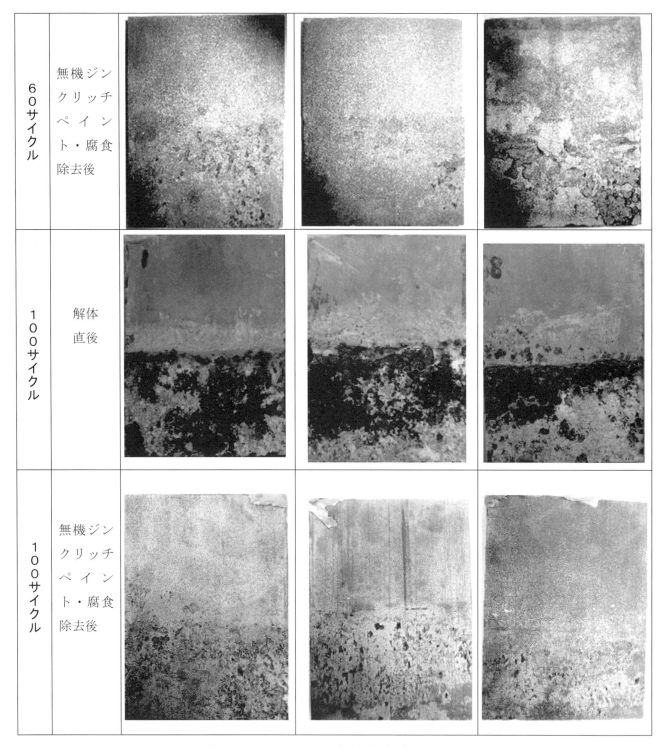

60サイクル	無機ジンクリッチペイント・腐食除去後			
100サイクル	解体直後			
100サイクル	無機ジンクリッチペイント・腐食除去後			

図 3.2.5　各サイクルにおける解体後の鋼板腐食状況（2/2）

　60 サイクルになると，いずれの供試体においても埋込み内部の鋼材で腐食が確認されたが，大気部での腐食は軽微なものであった．健全供試体の腐食状況は，埋込内部の鋼材にて腐食が一様に分布する状況であった．一方で，界面部に損傷が位置するものは，界面部を中心として腐食が進行するような状況であったのに対し，埋込内部に損傷が位置するものは，損傷箇所よりもさらに深部で腐食が進行する状況であった．また，いずれの供試体も埋込部位置において，無機ジンクリッチペイントに含まれる Zn の自己腐食によって生じる白色化が確認された．さらに，100 サイクルになると，いずれの供試体においても埋込部の腐食は，さら

に進展している．健全供試体は，全体的に腐食が進行していたのに対し，損傷供試体では，損傷位置を中心に腐食がさらに進行する状況にあった．大気部における鋼板の腐食は，軽微なもので留まっており腐食が抑制されていた．

　次に，**写真 3.2.3** には，鋼板のみを海洋環境下に 20 ヶ月暴露した際の腐食状況を示す．塩水噴霧環境とは腐食環境が異なるため直接の比較は難しいが，無機ジンクリッチペイント無しのものは，全面に赤錆が発生しているのに対し，無機ジンクリッチペイント有りのものは，損傷の有無に関わらず，腐食の発生は確認できなかった．カッターナイフ程度の損傷に対しては，大気環境におかれても無機ジンクリッチペイントに含まれる Zn により十分に防錆が機能している．

　以上のことから，埋込部内に軽微な損傷や塗装厚が薄い箇所がある場合には，その位置によって，埋込内部の腐食特性が大きく異なることが分かった．水，塩化物イオンが埋込部で滞水することで，伝導性があがり埋込部において無機ジンクリッチペイントに含まれる Zn から鋼材に対する防食電流が通常よりも多く流れたことや，水が滞水することでモルタル部からアルカリが溶出したことで滞水している水の pH が上昇した結果，Zn の自己腐食により防錆効果が大気部に比べて機能しなかったと推察できる．そのため，無機ジンクリッチペイントを施しても埋込内部では，Zn が短期間に消耗するため，今回の塩水噴霧試験環境のように塩化物イオンと水の供給が激しい環境（例えば，凍結防止剤を含む雨水等が直接あたる箇所）での防食は難しく，水や塩化物イオンの侵入を抑制する別の対策工と併用することが望ましいと思われる．

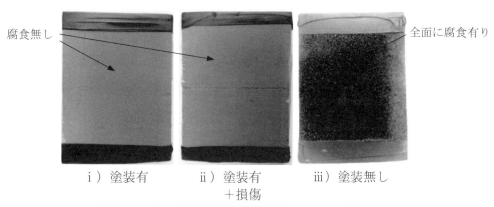

写真 3.2.3　各種鋼板の暴露過程での腐食状況

　図 3.2.6 には，各サイクルにおける大気部の鋼板腐食面積率を示す．ここでの腐食面積率は，大気部の腐食面積を大気部の鋼板表面積で除して算出している．供試体種類による腐食面積率には，大差がなく 60 サイクルを経過しても，その後の腐食の進行は軽微であった．一方で，**図 3.2.7** には，各サイクルにおける埋込部の腐食面積を埋込部の鋼板表面積で除して算出した埋込内部の腐食面積率を示している．20 サイクル目から 60 サイクル目にかけて，腐食面積率が急激に増加する結果を示した．ただし，供試体の種類による腐食面積率に明確な違いは確認できなかった．そこで，埋込部内の鋼板の 5mm 範囲ごとの最大孔食深さと，腐食を描写したセロハンを画像処理して 5mm 範囲ごとの腐食面積率を求めた結果を**図 3.2.8** に示す．なお，例えば 0～5mm の腐食面積率のプロットは，その中間点である 2.5mm 位置で記している．腐食面積率は，鋼板種類および深さごとに違いが見られ，健全鋼板では，いずれの深さにおいても同程度であったのに対し，界面部に損傷が位置するものは，界面部で腐食面積率が最も大きくなっている．一方，埋込部 10mm に損傷が位置するものは，損傷位置で全面腐食が確認された．しかしながら，最大孔食深さを示した位置は，供試体ごとで異なっており，健全供試体で 20mm 位置，界面部損傷で 5mm，埋込部損傷で 25mm 位置となっている．

ている．特に，損傷を与えたものは，最大腐食面積を示した位置での孔食は比較的に浅く，それよりも深部で最大孔食が確認されている．最大孔食を示した部分にマクロセルによる激しい局部腐食が生じていると言える．100サイクルになると，いずれの供試体も全体的に腐食が進行しており，損傷位置による腐食発生の明確な違いは確認されなくなった．

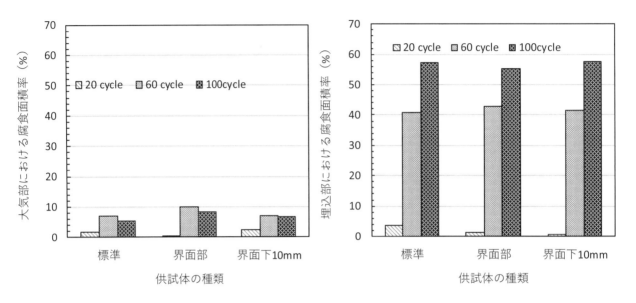

図3.2.6　大気部における鋼板の腐食面積率　　　　**図3.2.7　埋込部における鋼板の腐食面積率**

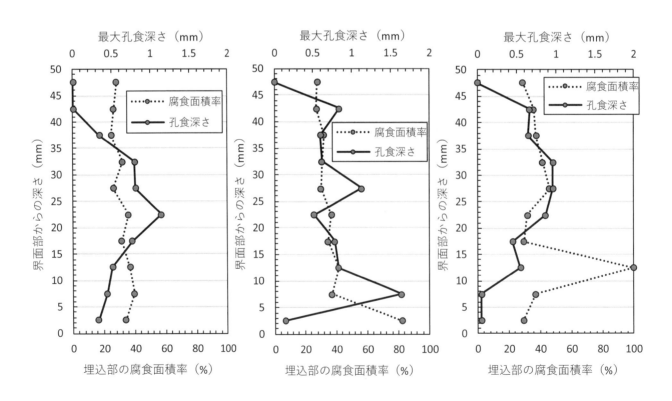

図3.2.8　各種供試体における腐食面積率と最大孔食深さ（60サイクル）

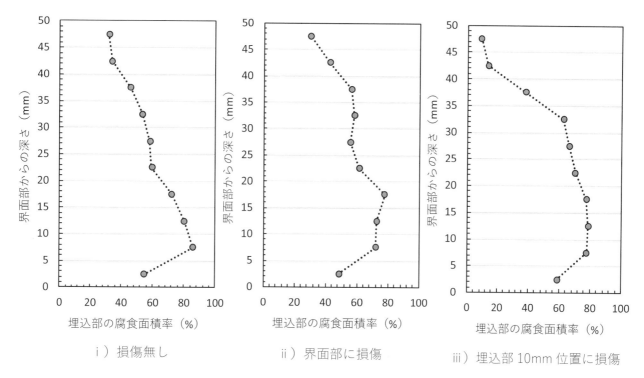

i）損傷無し　　　　　　　ii）界面部に損傷　　　　iii）埋込部10mm位置に損傷

図3.2.9　各種供試体における腐食面積率と最大孔食深さ（100サイクル）

　図3.2.10および図3.2.11には，鋼板埋込部における深さごとの全塩化物イオン量分布を試験サイクルごとに示す．20サイクル時点において，全塩化物イオンの浸透状況には，供試体種類で違いは見られなかった．60サイクルになると，塩化物イオン量は，表層部において界面部に損傷が位置する供試体が最も多くなっていた．これは，界面部に腐食が集中したことで，腐食膨張による鋼材とモルタル部の付着に低下が生じたことで塩化物イオンの浸透が容易になったと考えられる．一方，埋込内部に損傷が位置する供試体では，25mm以降の深部で全塩化物イオン量が他よりも多くなっており，最も孔食が見られた20mm～30mm範囲と一致していた．これも，孔食位置で付着の低下が生じたと思われる．また，100サイクルになると，塩化物イオンは，いずれの供試体においても埋込部深部へ浸透しており，表層部において損傷（界面部）供試体が最も塩化物イオン量が多い結果を示し，深部では損傷部（界面）の供試体が最もイオン量が多くなっていた．

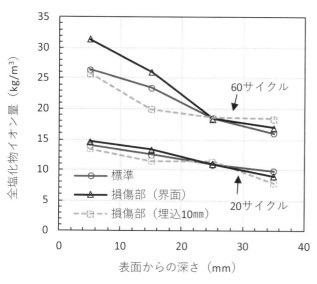

図3.2.10　各種供試体の塩化物イオン量分布
（20サイクル・60サイクル）

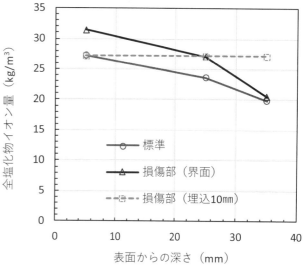

図3.2.11　各種供試体の塩化物イオン量分布
（100サイクル）

（2）海洋暴露試験

　図 3.2.12 には，暴露期間 20 ヶ月目における全塩化物イオン量分布を示す．この結果，暴露期間が短いこともあり塩化物イオンは，いずれの供試体も内部に浸透していなかった．一般的な鉄筋コンクリートでは，腐食発生限界塩化物イオン量は，2.0kg/m³ 程度であるため，腐食は進行していないと予想できる．**図** 3.2.13 には，大気部と埋込部を分けて腐食面積率を示す．この結果をみると，塩化物イオンが浸透していないにも関らず，埋込部において腐食の発生が確認された．いずれの供試体も大気部よりも埋込部の方が腐食面積率は大きくなっており，この傾向は，塩水噴霧試験の結果と同様であった．腐食因子の侵入が軽微でも，腐食が発生していることから，埋込内部での無機ジンクリッチペイントの自己腐食および水分分布の違いよるマクロセルが形成されていると考えられる．また，損傷無し供試体の腐食面積率は，大気部および埋込部のいずれにおいても損傷供試体よりも大きくなっている．これは，供試体の設置位置において日射等の気候の違いが影響した可能性があるが，腐食面積も小さいことから，今後も継続して，より長期的に腐食の経時変化を確認していく予定である．

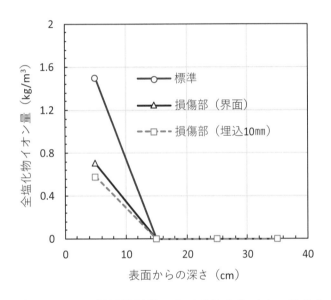

図 3.2.12　暴露供試体における塩化物イオン量分布

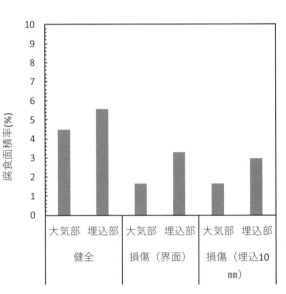

図 3.2.13　暴露供試体における腐食面積率

3.2.5　まとめ

　以上より，鋼板埋込供試体を用いて行った試験を通して得られた結果を以下にまとめる．

（1）塩害環境下におかれた無機ジンクリッチペイント有りの鋼板は，大気部分においては防食性能が機能していたが，コンクリートに埋め込まれた部分では，高アルカリ環境であるため自己腐食により防錆性能が低下する状況が確認された．

（2）コンクリート埋込部では，損傷や弱点部を中心に腐食の広がりを見せたが，最大孔食深さを示した位置は，それよりも深部であった．コンクリート埋込部内部でマクロセルが形成されていると考えられる．

（3）100 サイクルになると界面部と埋込深部の塩化物イオン量の差は小さくなっており，埋込内部の鋼板に腐食が生じることで，コンクリートと鋼板との付着力の低下が生じ，さらに劣化因子の侵入が容易になると考えられる．

3.3　鋼とコンクリート界面部における水分浸透の評価

3.3.1　はじめに

　鋼とコンクリート界面部からの水や塩化物イオンの侵入により埋込部の鋼板が腐食することが 3.2 の試験事例により明らかとなったことから，本試験事例においては，鋼とコンクリート界面部からの水の侵入経路とその程度を把握することを目的とした．

3.3.2　試験概要

（1）試験に用いた基盤モルタルおよび鋼板

　基盤モルタルの配合は，3.2 の試験事例と同様に，一般的なコンクリート橋上部工よりも高い水セメント比 50% で作製した．鋼板は，一般的に実構造物で建設中の鋼材を防食する目的で使用されている Zn を含有する無機ジンクリッチペイントで塗装したものを用いた．

（2）供試体および測定の概要

　供試体は，図 3.3.1 に示すように 150mm×150mm×300mm の角柱モルタル内に 200mm×75mm×9mm の鋼板を深さ 100mm 位置まで埋設したものを作製した．鋼板厚さは，実構造物で使用されているものと同様にした．用いた鋼板は，裸鋼板と全面に無機ジンクリッチペイントを施した 2 種類を用いた．

　供試体の作製後は，コンクリート部を温度 20℃の環境下で湿布養生を行った後に，上面と底面を除いて，すべてアルミテープで被覆してから写真 3.2.2 に示す沖縄県の沿岸部に供試体を 2018 年 12 月に設置した．供試体内部には，水分分布を測定することを目的として，両端以外をエポキシ樹脂で被覆した真鍮丸棒を所定の位置に埋め込んでいる．2019 年 4 月に供試体上部に水を張り，1h，3h 後に深さごとに A－B 間および B－C 間の抵抗値を LCR メータで測定した．

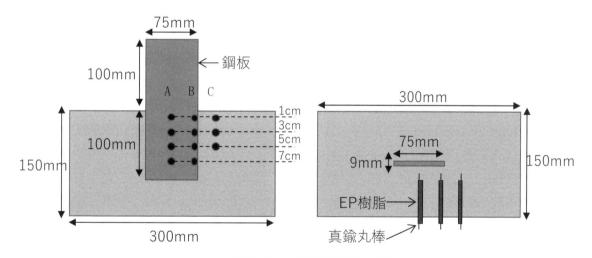

図 3.3.1　試験供試体の概要

3.3.3　結果および考察

　写真 3.3.1 には，暴露供試体の外観を示す．暴露 4 ヶ月程度で大気部の裸鋼板は，全面に腐食が確認されたのに対し，塗装鋼板のものは，モルタルと鋼板の界面部に腐食が見られる程度であった．しかしながら，塗装鋼板であっても界面部に腐食を確認できることから，3.2 の試験事例の結果と同様に埋込内部で腐食が進行していくと予想できる．

写真 3.3.1　暴露供試体の設置状況および外観（2019 年 4 月）

　図 3.3.2 には，塗装鋼板における測定箇所 A－B 間の比抵抗値の変化率を深さごとに示す．この結果，いずれの深さにおいても比抵抗の変化率には，時間が経過しても大きな変化は見られなかった．モルタルと鋼板の付着力が保持されており，水の侵入が抑制されていると思われる．**図 3.3.3** には，塗装鋼板における測定箇所 B－C 区間の比抵抗の変化率を示しているが，いずれの深さにおいても比抵抗は，1 時間でも水が侵入したことで低下する結果を示している．また，3 時間を経過しても抵抗値は，さらなる低下を示さなかったことから，1 時間程度の短時間で水が埋込内部に侵入し，飽和状態になっていると言える．以上の結果より，水は鋼板平面部よりも隅角部の方から水が侵入していると考えられた．

　図 3.3.4 には，裸鋼板における測定箇所 A－B 間の比抵抗値の変化率を示す．この結果，水張りから 1 時間程度では，抵抗値に変化が生じていないが，3 時間を経過するといずれの深さにおいても低下していた．裸鋼板の方が塗装鋼板よりも界面部の腐食が進んでいると推察されることから，腐食の生成によってモルタルと鋼板の付着力が低下した結果，水の侵入が容易になったと考えられる．また，**図 3.3.5** には，B－C 区

間の比抵抗値の経時変化を示しているが，いずれも1時間程度で抵抗値に低下が見られている．腐食がほとんど進行してない状況であっても，鋼板とモルタルとの熱伝導率の違いやモルタルの収縮等によって付着が低下していると思われ，特に隅角部からの水の侵入が容易であると考えられた．

　以上のことから，鋼とコンクリートの接着部においては，水分の浸透が容易であり，例え腐食が見られていなくても特に隅角部を有する箇所から容易に劣化因子が侵入することを示唆しており，劣化因子の侵入を防ぐ対策が必要であると言える．

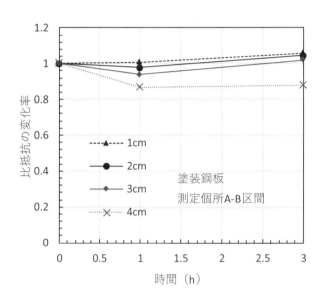

図3.3.2　塗装鋼板における測定箇所A-B間の
比抵抗の経時変化

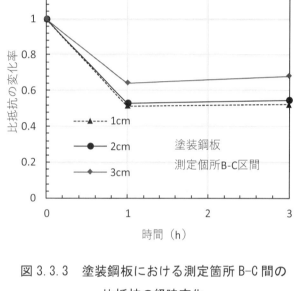

図3.3.3　塗装鋼板における測定箇所B-C間の
比抵抗の経時変化

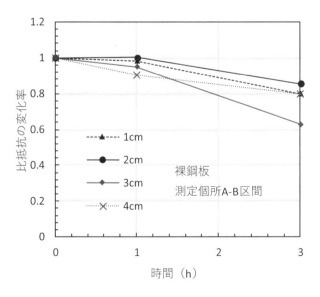

図3.3.4　裸鋼板における測定箇所A-B間の
比抵抗の経時変化

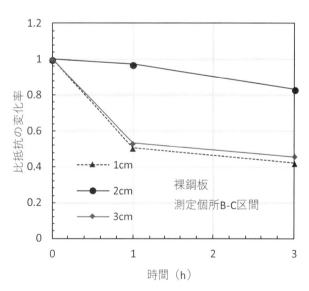

図3.3.5　裸装鋼板における測定箇所B-C間の
比抵抗の経時変化

3.3.4　まとめ

　ここでは，5 ヶ月程度暴露した供試体に水を張り，供試体埋込内部の比抵抗値の測定により水分分布を検討した結果，本試験を通して得られた知見を以下にまとめる．

(1) 外観では塗装鋼板に腐食が確認されていない場合でも，コンクリートと鋼板の付着力は低下していると考えられ，界面に沿って水は浸透しており，特に隅角部からの侵入が顕著であった．

(2) コンクリートと鋼板の界面において，水の侵入を抑制することは難しく，水が侵入することを前提とした設計が好ましいと言える．

3.4　鋼コンクリート接触面の付着試験

3.4.1　はじめに

写真3.4.1に示すように，鋼柱がコンクリートフーチングなどに埋め込まれている部分の境界部において塗膜の剥がれや鋼材の腐食が散見される．このような鋼材がコンクリートに埋め込まれた接触面近傍に腐食が生じるのは，鋼材表面の垂直方向に作用する何らかの外力によりコンクリートが鋼板から垂直方向に剥がれる際に鋼材表面の塗膜が同時に剥がれることも1つの理由として考えられる．写真3.4.2中の○で囲んだ部分では，鋼材とコンクリートに隙間が見られ，塗膜の一部がコンクリート側にくっついている状況が確認される．鋼コンクリート接触面近傍において鋼材に施された塗装が剥がれてしまえば，鋼材が腐食するのは当たり前である．

そこで，最近の鋼材塗装として一般的な塗装が施された鋼材表面とコンクリートが自然的な付着を有する場合について，コンクリートが鋼材の垂直方向に剥がれるような付着試験を行い，鋼材表面の塗装の種類ごとの付着強度を調べ，また，付着試験後の鋼板表面などを観察した．

写真3.4.1　鋼柱基部の塗膜の剥がれの例

写真3.4.2　鋼柱基部とフーチングの隙間および塗膜の剥がれの状況

3.4.2　付着試験の方法

(1)　付着試験体

ここで用いた付着試験体の形状を図3.4.1に示す．付着試験に用いた鋼板の大きさは200×200mmであり，鋼材の材質はSS400である．なお，鋼板の板厚として，2016年には12mmを用いた．鋼板厚12mmにおいても，付着試験時の鋼板の面外変形はほとんどないと判断されたが，念のために，2017年，2018年では板厚を16mmとした．鋼板の表面状態としては，スチールグリッドによってブラスト処理された素地状態の鋼板に対して防食機能を付与するために防食下地として使用される無機ジンクリッチペイントを塗布した状態（以下，無機ジンク鋼板と呼ぶ），無機ジンク鋼板表面の微細な空隙をなくすためのエポキシ樹脂塗料下塗を用いて封孔処理した状態（以下，ミストコート鋼板と呼ぶ），さらに，C5系の重防食塗装された状態（以下，フッ素樹脂鋼板と呼ぶ）の3種類である．

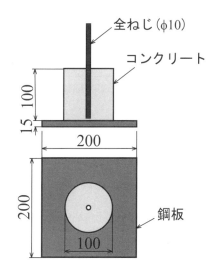

図3.4.1　付着試験体の形状

（単位 mm）

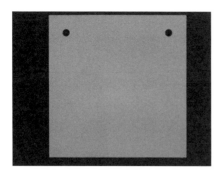

写真 3.4.3　無機ジンク鋼板（灰色）

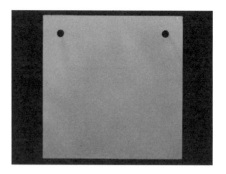

写真 3.4.4　ミストコート鋼板（白色）

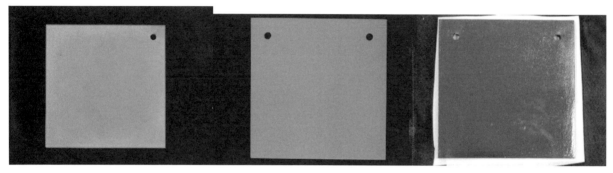

(a)　2016 年（灰色）　　　　　(b)　2017 年（緑色）　　　　　(c)　2018 年（茶色）

写真 3.4.5　フッ素樹脂鋼板

　材齢によるコンクリートの圧縮強度の増加を考慮し，鋼板の表面状態ごとに材齢 2 週および材齢 3 か月に付着試験を実施した．それぞれの塗装鋼板の状況を写真 3.4.3～写真 3.4.5 に示している．また，塗装鋼板のおよその色調を括弧書きで示している．なお，フッ素樹脂鋼板の色が年次ごとに異なるのは，フッ素樹脂塗料の顔料が異なるためである．各試験体の塗装の仕様を表 3.4.1 に示す．無機ジンクリッチペイントの目標塗膜厚は 75μm であり，ミストコートは無機ジンクリッチペイントの上に平均塗膜厚 10μm 程度のエポキシ樹脂塗料下塗を施している．さらに，フッ素樹脂塗装では，表 3.4.1 のようにエポキシ樹脂塗料下塗およびフッ素樹脂塗料用中塗，フッ素樹脂塗料上塗を施し，目標塗膜厚 250μm となっている．

表 3.4.1　塗装鋼板の塗料の目標膜厚

鋼板の種類	層目（鋼板から）	塗装の種類	目標塗膜厚(μm)
無機ジンク鋼板	1	無機ジンクリッチペイント	75
ミストコート鋼板	1	無機ジンクリッチペイント	75
	2	エポキシ樹脂塗料下塗	--
フッ素樹脂鋼板	1	無機ジンクリッチペイント	75
	2	エポキシ樹脂塗料下塗	--
	3	エポキシ樹脂塗料下塗	120
	4	フッ素樹脂塗料用中塗	30
	5	フッ素樹脂塗料上塗	25

表 3.4.2　塗装鋼板の塗料膜厚の実測結果

鋼板の種類	測定項目	目標塗膜厚(μm)	塗膜厚測定値(μm)		
			2016 年	2017 年	2018 年
無機ジンク鋼板	無機ジンクリッチペイント	75	68	79	75
ミストコート鋼板	無機ジンクリッチペイント	75	72	98	87
フッ素樹脂鋼板	無機ジンクリッチペイント	75	101	94	90
	総塗膜厚	250	274	298	297

なお，表 3.4.2 には各試験体鋼板に施した無機ジンクリッチペイントの膜厚およびフッ素樹脂鋼板の総塗膜厚の実測結果を示す．同表の測定値は，塗装面の 5 点の測定値の平均値であり，目標塗膜厚の 90%以上を満足している[1]．

付着試験体作製時には，塗装を施した鋼板を水平に置き，その上に 200×100mm のコンクリート圧縮試験用鋳型のモールドを置いて，上から高さ 100mm 程度までコンクリートを流し込み，付着試験体のコンクリート部分を作製した．コンクリート圧縮試験用鋳型のモールドを鋼板上に置く際には，鋼板表面に付着した埃や油脂を拭きとり，鋼板の中心位置とモールドの中心位置が一致するようにモールドを設置してコンクリートを打設した．また，試験体のコンクリート部分のみを引っ張るために，径 10mm，長さ 250mm の全ねじの一端をコンクリートの円形断面の中心位置に埋め込んだ．ただし，全ねじの先端が鋼板の表面に触れないように，

写真 3.4.6　付着試験体の状況

鋼板と全ねじの先端には 10mm 程度の間隔を保っている．コンクリートを打設してから 72 時間後にコンクリート圧縮試験用鋳型のモールドを脱型した．打設後 7 日まで湿潤養生し，その後気中養生に切り替えた．モールドを脱型した後の試験体の様子を写真 3.4.6 に示す．

2016，2017 年の付着試験では，無機ジンク鋼板，ミストコート鋼板，フッ素樹脂鋼板の 3 種類の塗装鋼板について 6 体計 18 体を作製し，2018 年の付着試験では，3 種類の塗装鋼板について 10 体計 30 体の試験体を作製した．付着試験体のコンクリート部分には，普通ポルトランドセメントを用い，2016，2017 年の最大粗骨材寸法は 25mm，2018 年の最大粗骨材寸法は 20mm で，呼び強度 24N/mm^2 のレディーミクストコンクリートを使用した．使用したコンクリートの材齢 2 週および 3 か月の強度試験結果を表 3.4.3 に示す．

表 3.4.3　付着試験時のコンクリートの圧縮強度

年次	圧縮強度（材齢 2 週）	圧縮強度（材齢 3 ヶ月）
2016 年	25.0（N/mm^2）	32.7（N/mm^2）
2017 年	29.6（N/mm^2）	36.4（N/mm^2）
2018 年	22.7（N/mm^2）	29.3（N/mm^2）

（2）付着試験の荷重載荷方法

付着試験の方法を図 3.4.2 に示す．付着試験体固定用の鋼部材を載荷フレームの下横梁に固定し，付着試験体の鋼板を鋼部材上に 4 個の万力で固定した．一方，試験体のコンクリート部分に埋め込んだ全ねじの先端にワイヤー

を取り付け，ワイヤーの他端は載荷フレームの上横梁の上を通した後，200kN 油圧ジャッキの先端に固定し引張力を与えられるようにした．200kN 油圧ジャッキのシリンダーのストロークを出すことによってワイヤーを引き上げ，鋼板とコンクリートの接触面に引張力を与えることができる．引っ張る際には全ねじに軸力のみが生じるように，ワイヤーと全ねじあるいは試験体と全ねじはリンクによって接合している．引張力は全ねじの上部に挿入した引張圧縮用ロードセルにより計測した．なお，2016 年の試験時には容量 4.9kN のロードセルを用いたが，付着試験時の引張力がこの容量を超えてしまった場合があり，正確に付着強度を求めることができなかった．そこで，2017, 2018 年の試験時には容量 10kN のロードセルを用いた．2016 年においては，引張圧縮用ロードセルの容量以内で試験体のコンクリート部分が剥がれなかった試験体に関しては計測された最大引張力から付着強度を求めた．

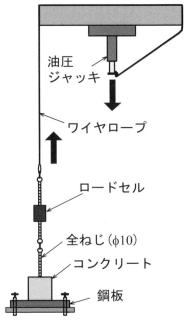

図 3.4.2　付着試験の方法

3.4.3　付着試験の結果

（1）付着強度

2016, 2017, 2018 年の付着試験の結果を，材齢 2 週について**図 3.4.3** に，材齢 3 か月について**図 3.4.4** に示す．これらの図において，縦軸は試験時の最大引張力を接触面積で除した付着強度を表し，横軸は鋼材の表面状態に対応している．白抜きの棒グラフ，灰色の棒グラフおよび黒の棒グラフはそれぞれ 2016, 2017, 2018 年の結果である．各年で無機ジンク鋼板およびフッ素樹脂鋼板の付着強度にはばらつきが大きく，また，ミストコート鋼板の付着強度は非常に小さい結果となっている．

2016 年の材齢 2 週および材齢 3 か月の無機ジンク鋼板の平均付着強度はそれぞれ 0.09, 0.20N/mm^2 であり，材齢 2 週および材齢 3 か月のフッ素樹脂鋼板の平均付着強度はそれぞれ 0.11, 0.52N/mm^2 である．2016 年の付着試験では，無機ジンク鋼板，フッ素樹脂鋼板ともに材齢差による付着強度の増加があると言える．2017 年の材齢 2 週および材齢 3 か月の無機ジンク鋼板の平均付着強度はそれぞれ 0.38, 0.26N/mm^2 となり，材齢 2 週および材齢 3 か月のフッ素樹脂鋼板の平均付着強度はそれぞれ 0.05, 0.05N/mm^2 となった．つまり，2017 年の付着試験では材齢 2

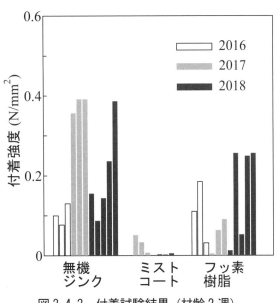

図 3.4.3　付着試験結果（材齢 2 週）

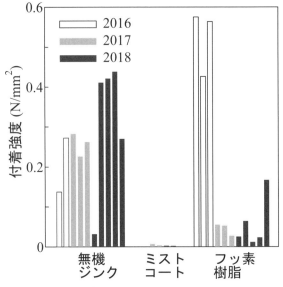

図 3.4.4　付着試験結果（材齢 3 か月）

週から材齢3か月になると，無機ジンク鋼板，フッ素樹脂鋼板のそれぞれの平均付着強度が増加しているとは言えない．一方，2018年の材齢2週および材齢3か月の無機ジンク鋼板の平均付着強度はそれぞれ0.20，0.31N/mm² となり，材齢2週および材齢3か月のフッ素樹脂鋼板の平均付着強度はそれぞれ0.17，0.06N/mm² となる．2018年の付着試験では，無機ジンク鋼板の平均付着強度から材齢差による付着強度の増加は見られるが，フッ素樹脂鋼板では材齢差による付着強度の増加は見られない．これに対して，2017，2018年のミストコート鋼板の付着強度は非常に小さい結果となっており，また，2016年では付着試験実施前に既にコンクリート部分が鋼板から剥がれていたため，結果を示していない．これらの結果のなかで，各年材齢2週の無機ジンク鋼板の平均付着強度はそれぞれ0.09，0.38，0.20N/mm² であり，各年の材齢3か月のフッ素樹脂鋼板の平均付着強度は0.52，0.05，0.06N/mm² であり，いずれもばらつきが大きい結果となった．この理由は，付着試験体作製時の不均一さ，引張試験時における全ねじを引っ張る際の偏心，各塗装鋼板の塗膜厚の差異，あるいは，塗膜とコンクリートとの局所的な付着のばらつきの影響などによるのではないかと考えている．

（2）付着試験後の剥離面の性状

付着試験体と試験後の剥離面の状況の例を以下に示す．**写真 3.4.7** は各年の無機ジンク鋼板の鋼板側の剥離面の状況である．2016年では，無機ジンクリッチペイントの塗膜などの剥がれはなく，コンクリートが薄く表面に残っている．これに対して，2017，2018年の無機ジンク鋼板の剥離面では，一部の無機ジンクリッチペイントが剥がれている状況が見られた．ただし，その部分においても鋼板の素地までは剥がれていない．**写真 3.4.8** には

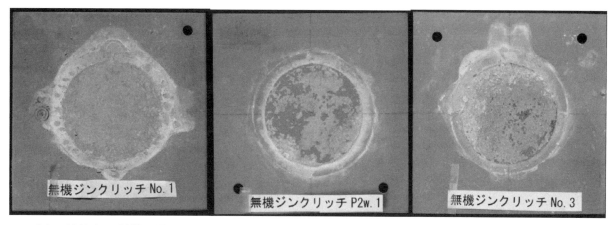

（a）　2016年（材齢2週）	（b）　2017年（材齢2週）	（c）　2018年（材齢2週）

写真 3.4.7　無機ジンク鋼板付着試験後の剥離面の状況の例（鋼板側）

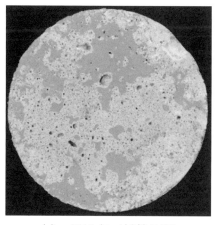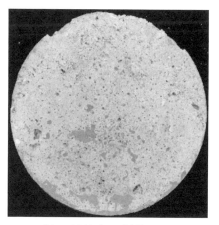

（a）　2017年（材齢2週）	（b）　2018年（材齢2週）

写真 3.4.8　付着試験後の剥離面の状況の例（コンクリート側）

2017，2018 年の試験体のコンクリート側の剥離面を示している．この写真からも無機ジンクリッチペイントが剥がれた跡がコンクリートの剥離面に見られる．

一方，**写真 3.4.9** には，各年のミストコート鋼板の鋼板側の剥離面を示している．2016 年では，付着試験を実施する前にコンクリート部分が鋼板から剥がれていたが，写真に示すように白いエポキシ樹脂塗料下塗の大部分が鋼板から剥がれている．また，2017，2018 年においても，大小はあるが，やはりエポキシ樹脂塗料下塗の一部が剥がれている状況が認められる．そして，**写真 3.4.10** には，2017，2018 年のミストコート鋼板のコンクリート側剥離面を示している．この写真から，エポキシ樹脂塗料下塗が剥がれるのに伴って無機ジンクリッチペイントも薄く剥がれている状況が認められる．**写真 3.4.11** には，各年のフッ素樹脂鋼板の鋼板側の剥離面を示している．この写真から，付着試験後のフッ素樹脂鋼板の塗膜は剥がれておらず，またコンクリートの付着もほとんどないことがわかる．

3.4.4 まとめ

ここでは，無機ジンクリッチペイントあるいはフッ素樹脂塗装などの一般的な塗装が施された鋼材表面とコンクリートが自然的な付着を有する場合について，コンクリートが鋼材の垂直方向に剥がれるような付着試験を行い，鋼材表面の塗装の種類ごとに付着強度を調べ，また，付着試験後の鋼板表面などを観察した．その試験を通して得られた結果を以下にまとめる．

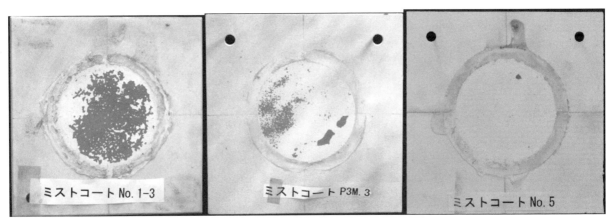

(a)　2016 年（材齢 3 か月）　　(b)　2017 年（材齢 3 か月）　　(c)　2018 年（材齢 2 週）

写真 3.4.9　ミストコート鋼板付着試験後の剥離面の状況の例（鋼板側）

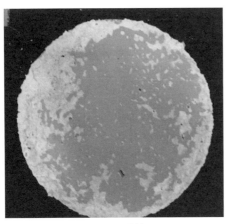

(a)　2016 年（材齢 3 か月）　　　　　(b)　2017 年（材齢 3 か月）

写真 3.4.10　ミストコート鋼板付着試験後の剥離面の状況の例（コンクリート側）

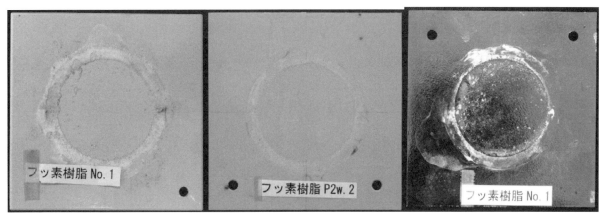

(a) 2016 年（材齢 2 週）　　　(b) 2017 年（材齢 2 週）　　　(c) 2018 年（材齢 2 週）

写真 3.4.11　フッ素樹脂鋼板付着試験後の剥離面の状況の例（鋼板側）

1. 無機ジンクリッチペイントの上にエポキシ樹脂塗料下塗を施したミストコート鋼板では，コンクリートとの付着強度は非常に小さい．一方，無機ジンクリッチペイントのみを施した無機ジンク鋼板および無機ジンクリッチペイントの上にエポキシ樹脂塗料およびフッ素樹脂塗料を施したフッ素樹脂鋼板では，コンクリートとの付着強度はある程度の大きさをもつが，付着強度はばらつきの大きい結果となった．したがって，実際の鋼橋で用いられるような塗装鋼板では，コンクリートとの垂直方向の有意な付着強度を期待することは難しいと言える．

2. 無機ジンクリッチペイントのみを施した無機ジンク鋼板では，コンクリートの付着試験後の鋼板において，無機ジンクリッチペイントの剥がれが認められた．ただし，ここで施した無機ジンクリッチペイントの膜厚内での剥がれであり鋼板素地は見えていない．また，無機ジンクリッチペイントの上にエポキシ樹脂塗料下塗を施したミストコート鋼板では，コンクリートの付着試験後の鋼板において，エポキシ樹脂塗料下塗の一部の剥がれが観察され，同時にエポキシ樹脂塗料下塗の下の無機ジンクリッチペイントも薄く剥がれている状況が見られた．これに対して，フッ素樹脂塗装を施したフッ素樹脂鋼板では，塗膜の剥がれはまったく認められなかった．

3. 以上の付着試験の結果から，新規にコンクリートに接する鋼材面に塗装を施す場合には，剥離する際に塗膜の剥がれが認められないフッ素樹脂塗装を選定することが好ましいと言える．

3.5　トリプルコンタクトポイントの腐食メカニズム

　既存の調査・試験や3.2～3.4の試験結果より，ここでは図3.5.1の通りトリプルコンタクトポイントの腐食メカニズムを分類することとした．なお，ここでは，コンクリート中の塗装は行わなくてもよいという鉄道基準[2]を参考に，境界部を除いたコンクリート中の鋼部材塗装は行われていないことを前提に考えている．

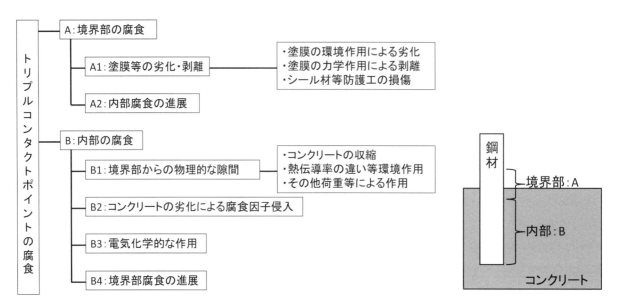

図3.5.1　トリプルコンタクトポイントの腐食メカニズム

　図3.5.1ではまず，腐食の発生位置に着目し，トリプルコンタクトポイントに関するコンクリートの内部（B）に生じたものか，または，境界部（A）に生じたものかで分類することとした．

　内部（B）に生じた腐食では，調査等で考察されているケースでもある，境界部に生じた隙間から腐食因子が内部に入り込み，結果的に内部の腐食が進行するものがあると考えられる（B1）．このB1を生じる原因としては，コンクリートの収縮により鋼との一体性が確保されなくなること，鋼とコンクリートの熱伝導率の差により，外気温や直射日光に伴う収縮膨張量に差が生じ剥離が生じること，その他の活荷重や地震力の作用により鋼とコンクリートの一体性が確保できなくなること，が考えられる．この隙間からの内部腐食には，単純に鋼とコンクリートの付着がなくなり剥離するケースのほか，コンクリートにひび割れが生じてこれが鋼部材まで貫通することによって腐食因子が侵入することも含まれる．

　Bのパターンとして次に考えられるのは，コンクリートが材料劣化し，腐食因子が内部に侵入するケースである（B2）．近年は，一般にコンクリート構造物の設計では耐久性の検討が行われており，これを満足するように構造を決定する必要があると言える．

　その他に電気化学的な作用（B3）がある．これは，マクロセルが生じることで鋼材が孔食する可能性を示すものであり，試験による研究でその現象が確認されている[3]．この現象は，B1や後述のB4のパターンとは異なり，外部からの目視点検では，腐食の発見や進行確認が難しい点が特徴として挙げられる．

　さらにBのパターンで考えられるのは，境界部で生じた腐食が内部に進展するケースである（B4）．これは，境界部で生じたさびの影響により剥離力が生じ，鋼とコンクリートを剥離させ，これが内部に進展していくケースである．B4の腐食は，境界部の目視点検により発見できるものであることから，本箇所での腐食に注意を払い，早期発見に努めることも対策となりうる．

　内部（B）のほかに考えられる発生位置として，境界部（A）が挙げられる．この部位については，鋼材は一般的に塗装等で腐食因子から防護されている状況にある．しかし，これらの塗装等の耐久性が不足し，劣化や剥離等で腐食が発生してしまうことが考えられる（A1）．A1 の原因としては，塗膜が紫外線劣化によりその機能を失ったもの，塗膜の付着性能が不足し，鋼材の変形（膨張収縮）に追従できずに剥離が生じたものが挙げられる．また，境界部での腐食進展を防止するために設置したシール材が劣化し，この機能を失って腐食が生じるケースもあるほか，コンクリート内部まで入り込んで設置した塗膜がコンクリートと反応し，結果的に境界部まで塗膜劣化を生じて腐食が生じるケースもある[4),5)]．

　A のパターンでその他に考えられるのは，コンクリート内部腐食が進展した結果，境界部も腐食してしまうケースである（A2）．この A2 では電気化学的な作用により内部に生じた腐食（B3）が進行し，結果的に境界部に露出してきたものである．

　ここでは，トリプルコンタクトポイントに生じる腐食のメカニズムについて，定義分類を行ったが，実際の現象は，これらの要因が複合的に組み合わされて発生している可能性が高い．また，これらの原因をもとに，対策工や補修補強方法を検討する必要があると言える．

参考文献

1)　国土交通省：土木工事共通仕様書（案），p.3-46，2019.6.

2)　鉄道総合技術研究所：SRC 構造物ディテール集，1987.9.

3)　貝沼重信，細見直史，金仁泰，伊藤義人：鋼構造部材のコンクリート境界部における経時的な腐食挙動に関する研究，土木学会論文集 No.780/I-70，土木学会，pp.97-114，2005.

4)　日本ペイント株式会社：塗装ガイドブック　プラント，2015.9.

5)　関西ペイント株式会社：建築塗装ガイドブック，2010.9.

（執筆者：櫨原弘貴，中島章典，谷口　望）

第4章　シナリオ上での対策方法の現状と提案

　本章では，トリプルコンタクトポイントの腐食に対する対策工について事例をもとに記述する．なお，4.1では新設構造として対策を行うものを挙げており，既設構造の事例は4.2に記載した．

4.1　トリプルコンタクトポイントの対策工（新設構造）の現状

4.1.1　鉄道橋におけるトラス斜材貫通部の防水対策

　1960〜1970年代にかけて建設されたトラス橋斜材貫通部の塗装仕様は上述したとおりであるが，鉄道橋では，その当時から，同貫通部の防水に配慮した構造上の工夫がなされていた[1),2),3),4)]．

　鉄道橋における斜材貫通部の構造を図4.1.1に示す．鉄道橋でコンクリート床版付きのトラス橋が建設されたのは1972年からであると思われるが[2),3)]，その当時から，貫通部周辺に目地を設け，列車荷重を直接支持する床版とは縁が切られていた．これは，斜材と床版コンクリートを不連続構造とすることで，それぞれの変形（列車荷重による斜材と床版の変形，床版コンクリートの乾燥収縮，主構と床版コンクリートの温度差）によって生じる接触面での付加応力を発生させないように配慮したものである[4)]．

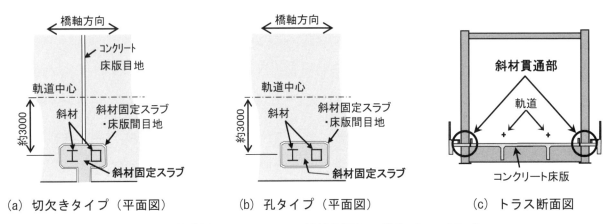

（a）切欠きタイプ（平面図）　　　（b）孔タイプ（平面図）　　　（c）トラス断面図

図4.1.1　鉄道橋におけるトラス斜材貫通部の構造（平面図）[3)]

［文献 3) 行澤義弘，成嶋健一，久須美賢一：鉄道橋におけるトラス斜材とコンクリート床版交差部について（構造ディテール），土木学会第63回年次学術講演会，1-441，図2，図3，2008.9.］

　そのうえで，斜材貫通部に関しては，**図4.1.2(a)**に示すように，付近の床版を周囲の床版よりも嵩上げした排水処理がなされていた[3)]．加えて，一部の橋梁では，嵩上げした床版の貫通部周辺に高さ50〜100mm程度の根巻きコンクリートを打設し，排水に配慮した更なる対策が施されていた[1)]．貫通部周辺の嵩上げ状況を**写真4.1.1**に，根巻きコンクリートの設置状況を**写真4.1.2**に示す．また，近年では，防水対策をさらに強化し，**図4.1.2(b)**や**写真4.1.3**に示すように，斜材に笠木（笠板）を溶接にて取り付け，その取り付け位置まで排水勾配をつけたコンクリートを打設して，斜材とコンクリートの境界部への浸水を防止している．

　本対策構造については，現状で損傷が生じたという報告は見られない．

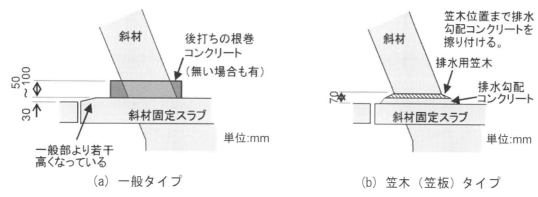

図 4.1.2　鉄道橋におけるトラス斜材貫通部の構造詳細（側面図）[1]

［文献 1）久須美賢一，成嶋健一，行澤義弘：鉄道橋におけるトラス斜材とコンクリート床版交差部について（調査結果），土木学会第 63 回年次学術講演会，1-442，図 1，2008.9.］

写真 4.1.1　斜材貫通部周辺の嵩上げ状況[2]　　写真 4.1.2　斜材貫通部の根巻きコンクリート設置状況[1]

［写真 4.1.1：文献 2）行澤義弘，成嶋健一，松田芳則，久須美賢一：トラス斜材とコンクリート床版交差部について，SED，No.30，pp.14-19，写真 6，2008.5.］

［写真 4.1.2：文献 1）久須美賢一，成嶋健一，行澤義弘：鉄道橋におけるトラス斜材とコンクリート床版交差部について（調査結果），土木学会第 63 回年次学術講演会，1-442，写真 1，2008.9.］

写真 4.1.3　斜材貫通部の笠木（笠板）設置状況[4]

［文献 4）保坂鐵矢，藤原良憲，久保武明，武居秀訓：鉄道トラス格点部の防錆構造の例，土木学会第 63 回年次学術講演会，1-393，写真 4，2008.9.］

4.1.2 鉄道橋におけるその他の笠木（笠板）による防水対策

　トラス斜材貫通部でも用いられている笠木（笠板）は，鉄道構造物の他の鋼構造物でも見られる．特に，鋼床版（道床式）下路桁の鋼床版保護モルタル界面においては，トラス斜材貫通部よりも古い構造でも見られ，本ディテールを参考にして，トラス斜材貫通部の笠木（笠板）が用いられた可能性が高いと言える．ここでは，トラス斜材貫通部以外に笠木（笠板）が用いられた事例をいくつか示す．

　現状で，本構造を用いた場合におけるトリプルコンタクトポイントの腐食損傷は報告されていない．しかし，溶接を伴う構造であるため，設計の時点で本構造を設置する必要があることや，笠木（笠板）が鋼部材本体に取り付けられる場合，溶接部の疲労設計が必要となること，さらに構造によっては施工時にコンクリート充填が困難になる場合があることなどに注意が必要である．

(1) 鉄道用下路プレートガーダー（鋼床版式）の事例

　鉄道用の鋼床版（道床式）では，一般に線路を支持するバラストやこのバラストを交換する作業から鋼床版上の防水工（**図4.1.3**）を保護する目的で，保護モルタルが設置される（**図4.1.4**）．しかし，鋼床版の立ち上がり部は，鋼とモルタルの境界部となりトリプルコンタクトポイントとなる．そこで，この部位に笠木（笠板）を設置するディテールが用いられるのが一般的である．

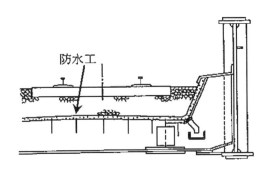

図4.1.3　鋼床版の防水工の例 [5]

[文献 5) 国土交通省監修，鉄道総合技術研究所編：鉄道構造物等設計標準・同解説　鋼・合成構造物，丸善，p.121，解説図 6.3.3，平成21年7月]

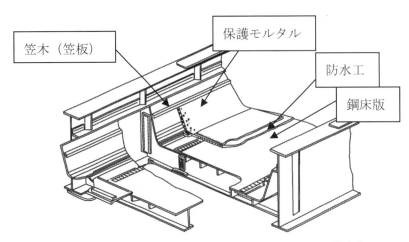

図4.1.4　鋼床版を有する下路桁の防水工の例 [6]に加筆

[文献 6) 国土交通省監修，鉄道総合技術研究所編：鉄道構造物等維持管理標準・同解説（構造物編）鋼・合成構造物，丸善，p.36，解説図 4.3.16，平成19年1月]

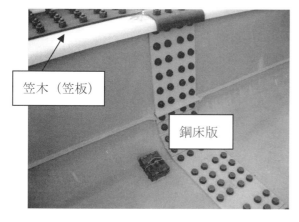

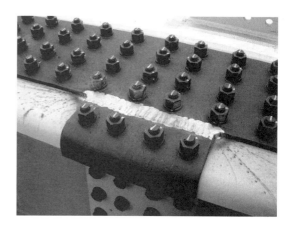

（a）鋼床版と水切り　　　　　　　　　　　　（b）添接部の水切り

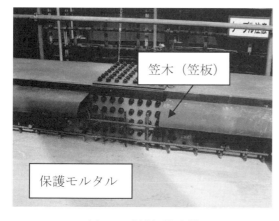

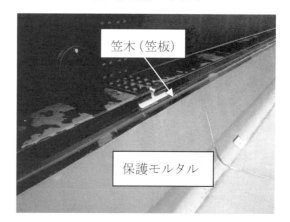

（c）ひび割れ防止筋　　　　　　　　　　　　（d）保護モルタル設置後

写真 4.1.4　鋼床版を有する下路桁の例

（2）鉄道用下路トラス（SRC 床版式）の事例

　近年，経済性，合理性，環境適合性を追求した鋼構造が多くあるが，トラス橋において従来は非合成であったコンクリート床版を合成部材として扱うものがある（図 4.1.5）[7]．これは，床組とコンクリートを一体化し SRC 床版構造としたうえで，鋼下弦材と合成構造としたものである．本構造は，鋼部材の使用量が減少することによって経済性が向上するだけでなく，列車通過時の構造物音が低減することにより騒音低減にも効果がある．また，橋梁架け替えの場合，本構造は SRC 床版を設置した場合でも，既存の開床式下路トラスと同等の床組厚さで済むため，レールレベルを変更することなく対応できるというメリットもある．

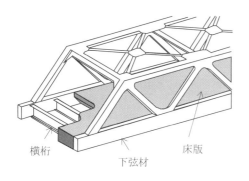

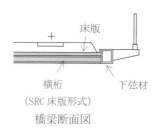

図4.1.5　SRC床版を合成させたトラス橋[7]

［文献7）谷口望，相原修司，池田学，武安直喜，矢島秀治：SRC合成床版を用いた下路トラス橋の設計手法に関する研究，第6回複合構造の活用に関するシンポジウム，土木学会，p.3-1〜p.3-8，図1，2006．］

　本構造の場合，下弦材とSRC床版の境界部がトリプルコンタクトポイントとなるため，鋼床版式下路プレートガーダーと同様に笠木（笠板）が用いられる．

　本構造に用いられる笠木（笠板）は，基本的には下路プレートガーダー（鋼床版式）と同様であるが，近年用いられている事例では，笠木（笠板）にRをつけていない．これは施工性の改善を目的とした対応と考えられる．

(a)　トラス橋全景

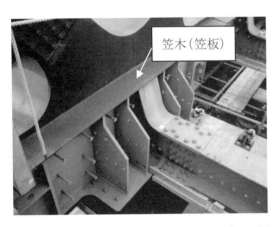

(b)　Rのない笠木構造（コンクリート打込前）

(c)　Rのない水切構造（コンクリート打込前）

(d)　Rのない笠木構造（コンクリート打込後）

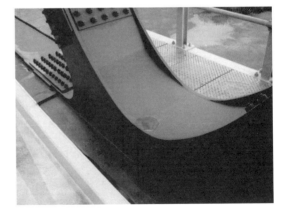

(e)　Rのない笠木構造（コンクリート打込後）

写真4.1.5　SRC床版を合成させたトラス橋の例

(3)　鉄道用下路合成トラスドローゼ橋の事例

　下路トラスと同様，合成トラスドローゼ橋でも同様な構造が用いられているため，以下にその事例を示す．

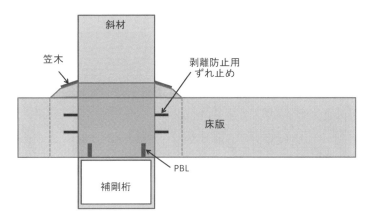

図 4.1.6　トラス斜材または格点部が床版に埋め込まれる場合の構造例（橋軸方向断面図）

（a）橋梁全景

（b）床版の状況（打込後）

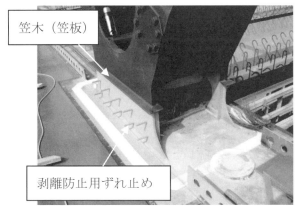

（c）斜材－床版の境界部（床板打込前）

（d）斜材－床版の境界部（床板打込後）

写真 4.1.6　トラス斜材または格点部が床版に埋め込まれる場合の構造例

（4）鋼製橋脚（CFT柱）基部根巻きコンクリート部の事例

　鋼製橋脚（CFT柱）においても，鋼とコンクリートの境界部が生じる．この部分においても，笠木（笠板）を設置した事例がある（**写真4.1.7**）．

写真4.1.7　CFT橋脚下端部の水切構造の例

4.1.3　鉄道橋におけるコンクリート内部塗装による防水対策

　鉄道構造物においては，基本的にコンクリート中の鋼部材に対して塗装を行わなくてもよいことが規定されている[8]．つまり近年では，架設期間の防食を目的として，無機ジンクリッチリッチペイントを用いるケースが多いが，これは基準によって定められたものではないことになる．一方，鉄道構造物で良く用いられるSRC桁（**写真4.1.8**）のディテールでは，露出する鋼桁下フランジ面のコンクリート内部への塗装の塗り込みについて示されたものがある（**図4.1.7**）．

写真4.1.8　SRC桁の事例（桁下面）

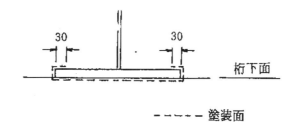

図 4.1.7　コンクリートへの埋込み部の塗装範囲（単位:mm）[8]

［文献 8）鉄道総合技術研究所：SRC 構造物ディテール集，p.53，1987.9.］

　本防水対策においては，現状では腐食損傷を生じた事例は報告されていない．しかし，本規定で示されている 30mm の塗り込み範囲については根拠が不明である点が課題である．一般に，この規定が定められた年代から考えて，この 30mm の塗り込み範囲は，コンクリート構造物の鉄筋かぶり量に相当すると考えられる．したがって，近年ではコンクリートの鉄筋かぶり量の設計は，耐久性の照査により決定されていることから考えれば，本塗り込み範囲も耐久性の照査によって決定されるべきと言える．また，鋼部材の塗装をコンクリート内部に設置した場合であっても，鋼部材の塗装は定期的な塗り替えを想定したものが多く，コンクリート中の塗り替えは困難であるため，内部塗装を鋼部材の外部露出部と同等に扱うことには疑問が残り，コンクリート内部の鋼部材塗装の耐久性について検討が必要であると考えられる．また，鋼構造として耐候性鋼材を使用した場合，さびの安定化処理を目的とした専用の塗装が用いられるケースがあるが，この塗装をコンクリート中の塗り込み範囲に用いた場合の影響について不明であり，検討が必要である．さらに，コンクリートと塗装の付着性能について検討されている事例も近年あり，これらと合わせた設計上の規定が必要であると考えられる．

　この塗装塗り込みによる対策はSRC桁に対しての防水対策であるが，鉄道構造物ではこれを準用した構造ディテールがいくつか見られる．この事例をいくつか以下に示す．

　写真4.1.9，図4.1.8は，合成桁の上フランジと床版との間に設けられた塗装塗り込み部の例である．図4.1.9はトラスドローゼ補剛桁上面の床版内塗り込みの事例である．これらの事例は，SRC桁の下フランジ上面に設定された構造細目を応用し，上フランジ上面側にも設置した事例である．

（a）合成桁全景（床版打込み前）

（b）合成桁全景（床版打込み前）

（c）上フランジ端部（床版打込み前）

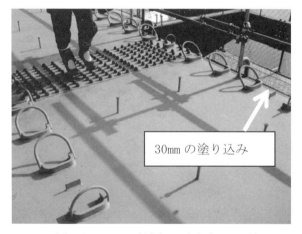

（d）上フランジ端部（床版打込み前）

写真4.1.9　合成桁上フランジの床版内塗り込みの例

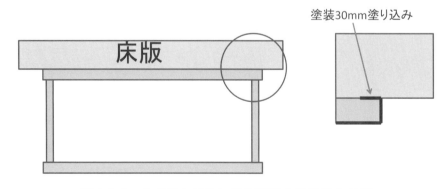

図4.1.8　合成桁上フランジの床版内塗り込みの例

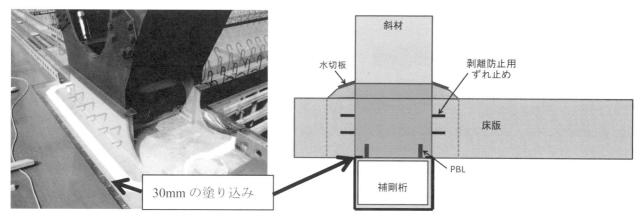

図 4.1.9　トラスドローゼ補剛桁上面の床版内塗り込みの事例

4.1.4　コンクリート内部へのポリマーセメントモルタルの設置による防水対策

　トリプルコンタクトポイントへの防食対策として，塗装ではなく，ポリマーセメントモルタル（PCM）を
コンクリート内部に用いる事例がある [9]．先述の通り，一般的な鋼部材への塗装をコンクリート内部に用い
ることには不明な点が多いが，これを PCM に置き換えるとともに，コンクリート中への設置範囲を 30mm
に限定していない特徴がある．

　写真 4.1.10，図 4.1.10 は，鉄道用鋼桁の複合構造化に対する施工試験・載荷試験の状況を示している．
ここで使用されている PCM は鋼材・コンクリート双方への付着力も強く，PCM 自身の耐久性にも優れてい
ることが確認されている [9]．なお，このケースの場合，鋼桁への補強対策のケースとなるが，複合構造物，
トリプルコンタクトポイントとしては新設の扱いとなると言える．

　PCM を用いた本構造に関しては，4 年が経過した段階では腐食や剥離が生じたという報告はない [10]．

(a)　対策前（桁撤去時）　　　　　　　　(b)　対策後

写真 4.1.10　トリプルコンタクトポイント部に PCM を使用した鉄道用 I 形鋼桁の複合構造化例

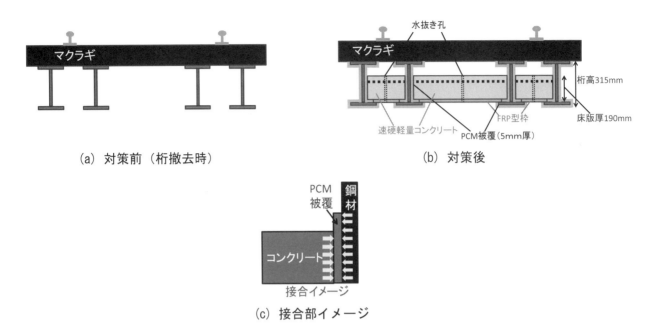

（a）対策前（桁撤去時）　　　　　　　　　　（b）対策後

（c）接合部イメージ

図 4.1.10　トリプルコンタクトポイント部に PCM を使用した鉄道用 I 形鋼桁の複合構造化概要

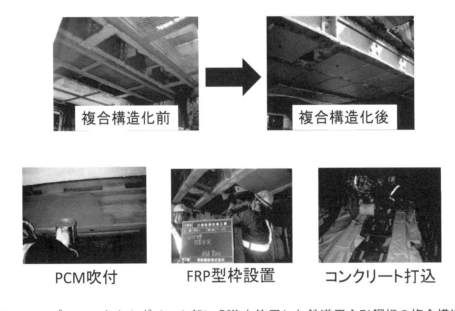

写真 4.1.11　トリプルコンタクトポイント部に PCM を使用した鉄道用 I 形鋼桁の複合構造化の実用例

4.1.5 境界部へのシール材設置による防水対策

　境界部外面にシール材を設置することは，簡易な手法であるため，新設時だけでなく補修時も含めて多く用いられている．しかし，シール材自身の耐久性，特に紫外線劣化については注意が必要であり，シール材は定期的に交換，補修すべきと考えられる．ここでは，H210 委員会報告書[11]に示された，鋼製橋脚基部においてシール材を用いた場合の，シール材内部の腐食事例を示す．

写真 4.1.12　調査構造物の外観[11]

写真 4.1.13　橋脚基部の外観[11]

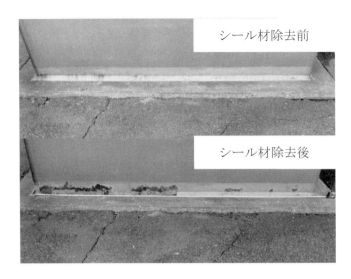

写真 4. 1. 14　北面における鋼材の腐食状況 [11]

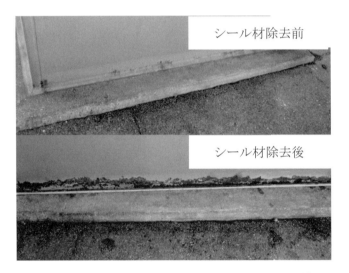

写真 4. 1. 15　南面における鋼材の腐食状況 [11]

写真 4. 1. 16　東面における鋼材の腐食状況 [11]

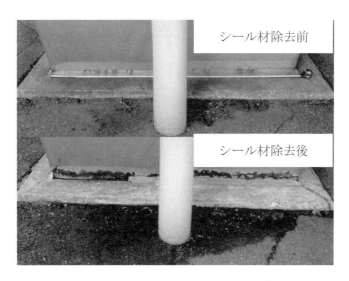

写真 4.1.17　西面における鋼材の腐食状況 [11]

[写真 4.1.12～写真 4.1.17：文献 11）大西弘志，谷口望，櫨原弘貴，佐々木巌，溝江慶久ほか：複合構造物を対象とした防水・排水技術の現状，複合構造レポート 07，土木学会，p.150-152，写真 3.1.2～写真 3.1.7，2013]

4.2　トリプルコンタクトポイントの補修補強方法の現状

　ここでは，トリプルコンタクトポイントに腐食損傷が生じた際に行われた補修補強の事例を示す．

4.2.1　トラス斜材貫通部における補修補強
　トラス斜材貫通部に生じた腐食に対する補修補強事例を以下に示す．

（1）国土技術政策総合研究所資料　道路橋の定期点検に関する参考資料（2013 年版）
　　　-橋梁損傷事例写真集-
　　斜材貫通部のコンクリートをはつり，補修（再塗装）を行ったうえで，トリプルコンタクトポイントの
　将来の再劣化を防止するため，調査や補修・補強工事とあわせて，床版に箱抜きをして環境改善を図った．
　その際，箱抜きの形状等は，塗り替えの施工性も考慮している．

写真 4.2.1　トラス斜材の補修補強例 [12]

［文献 12）玉越隆史ほか，道路橋の定期点検に関する参考資料（2013 年版）─橋梁損傷事例写真集─，国総研資料，第 748 号，p.60，
写真番号 1.5.2，2013.7.］

（2）木曽川大橋の事例
　　トラス斜材のコンクリート埋込部において，腐食が進行して破断しているのが発見された．落橋に至る
　危険性があったため，直ちに 1 車線規制を行って荷重を制限するとともに，支保工により上部工を仮受け
　したうえで，あて板により補修を行った．また，他の部分でも腐食が進行しているのが発見されたため，
　橋全体において緊急対応を行うこととなり，そのため 115 日間の通行規制（1 車線規制）を行った．

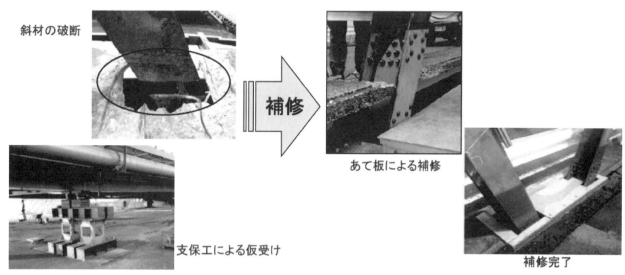

写真 4.2.2　トラス斜材の補修補強例 [13)]

［文献 13）国土交通省　鋼橋（上部構造）の損傷事例，p.3，2009.3］

(3) 本荘大橋の事例

　トラス斜材のコンクリート埋込部において，腐食が進行し破断に至った．落橋に至る危険性があったため，直ちに通行止めを行うとともに，支保工により上部工を仮受けしたうえであて板により補修を行った．その後，橋全体において補修工事を行うこととなったため，4 日間の全面通行止め，および 2 日間の片側交互通行規制を行った．

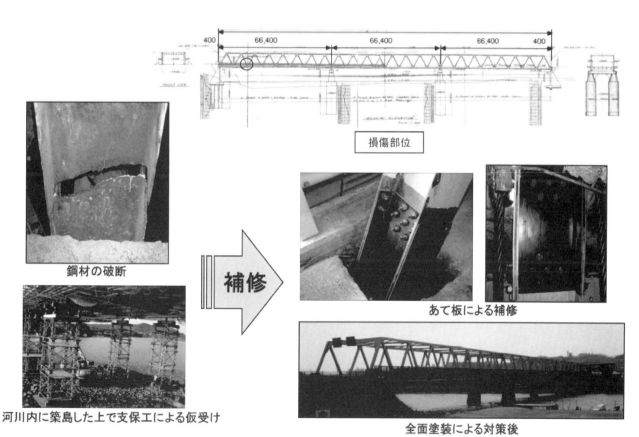

写真 4.2.3　トラス斜材の補修補強例 [13)]

［文献 13）国土交通省　鋼橋（上部構造）の損傷事例，p.3，2009.3］

4.2.2 鋼製柱（鋼製橋脚）における補修

標識柱などを含めた鋼製柱におけるトリプルコンタクトポイントにおいても腐食損傷が認められており，その対策が試されている現状にある[14]．特に腐食を抑えるために溶融亜鉛めっき（HDZ55，付着量 $550\mathrm{g/m^2}$ 以上）であっても，有機質還元土壌（堆肥など）では腐食環境が厳しく，3〜5 年でめっきの寿命に達するとの報告もある[15]．

この対策としては，各種手法[14]が検討されており，①さび安定化処理，②常温亜鉛めっき，③紫外線硬化型 FRP シートが試用されている状況にある．また，常温亜鉛めっき補修の後に，これを保護する目的で，液体ゴムや超厚膜型エポキシ樹脂塗料で保護を行うことも提案されている[14]．

しかしながら，本補修手法については施工後の経過年数がさほど長くなく，現時点で実績が積まれた状況とは言い難い．**写真 4.2.4** は，亜鉛めっきのある鋼製電柱の事例であり，新設か補修かは定かではないものの，トリプルコンタクトポイントに保護層が設置されている．この事例では，本来の腐食箇所である地際の状況は確認できないものの，保護層の切れた上縁において腐食が発生している．この腐食の原因は明確ではない状況であるが，この事例の腐食対策には問題が生じる可能性があることを示している．このような補修対策を行う場合には，材料の耐久性，施工性に加え，それらの対策範囲に注意が必要であると言える．

写真 4.2.4　トリプルコンタクトポイント部に保護層を設置しためっき電柱の腐食事例

4.3　トリプルコンタクトポイントの対策工・補修補強方法の考察

トリプルコンタクトポイントに生じる腐食メカニズムは，**図4.3.1**のような要因が考えられているが，これに対応する対策工が必要であると考えられる．4.1，4.2で紹介した対策事例を，この腐食メカニズムに当てはめ，効果があるかどうかの考察を**表4.3.1**に示す．**表4.3.1**には，対策工ごとの課題項目についても示している．

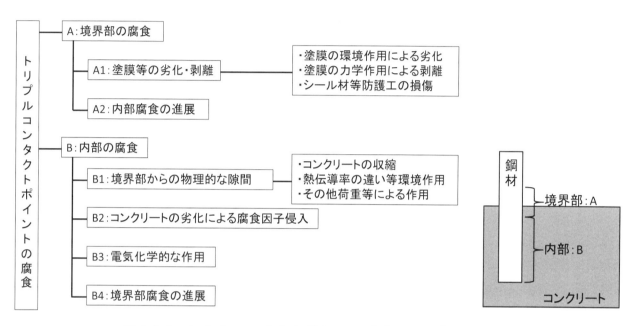

図4.3.1　トリプルコンタクトポイントの腐食メカニズム（再掲）

表4.3.1　対策工と腐食メカニズムの対応

	対策工の種類		腐食メカニズムに対する効果	その他の課題
新設対象	笠木（笠板）の設置	4.1.1項 4.1.2項	腐食メカニズムには対応していないが，滞水を避けることができ，A1やB1にはある程度の効果があると考えられる．	コンクリート充填性に注意が必要．
	塗装30mm塗り込み	4.1.3項	コンクリート表層が劣化しても対応できるため，B2に対応していると考えられるが，耐久性の照査により塗り込み量が決まっていないため，大きな効果は期待できない．	塗装範囲の性能定義が必要．
	PCM設置	4.1.4項	PCMの設置範囲によっては，B1,B2,B3,A1のそれぞれに効果が期待できるが，実績や検討事例が少ない．	コストや施工性に課題．
新設／補修	シール材設置	4.1.5項	B1に対しては効果があると考えられるが，その他メカニズムには対応できない．	耐久性が劣るため定期的なシール材交換が必要．
補修対象	トラス斜材の箱抜き	4.2.1項	斜材に対してはトリプルコンタクトポイントを解消しているため，すべてに効果があると考えられるが，斜材自体の腐食に対する管理が必要になる．	斜材の腐食ポイントは解消されるが他の接触部位に注意が必要．箱抜き部があまり狭隘になると，維持管理が困難になる．
	鋼製柱基部への保護層設置	4.2.2項	設置範囲によっては，B1,B2,B3,A1のそれぞれに効果が期待できるが，補修の場合コンクリート内部のどこまで設置できるかがその効果に影響する．	耐久性，付着性能，施工範囲に注意が必要．

　それぞれの腐食メカニズムからみた観点で，それぞれの対策工について考察する．鋼とコンクリートの物理的な隙間が要因となり腐食因子が侵入する場合（B1）では，笠木は隙間が空いたとしても腐食因子である滞水をある程度軽減できる．また，PCMは鋼とコンクリートの付着性能が高く問題は生じないと言える．シール材や保護層設置についても，腐食因子の侵入を防ぐことが可能と考えられる．また，トラス斜材の箱抜きでは，コンクリートを除去しており，隙間が生じる要因はなくなったと考えられる．一方，塗装を30mm塗り込んだケースでは，隙間や腐食因子が侵入できる範囲が30mmを超えてしまった場合に，無塗装，無対策と同等の状況になると推測できる．

　コンクリート材料の劣化によりコンクリートから腐食因子が侵入する場合（B2）の観点では，笠木やシール材では，境界部からの腐食因子侵入を想定しており，効果は小さいと考えられる．また，塗装を30mm塗り込むケースでは，かぶりに対して小さな範囲となっていることが予想できるため，無対策ほどではないものの効果は小さいと考えられる．補修として鋼製柱に保護層を設置した場合には，コンクリート内部までその保護層が設置されているかどうかにより，効果は異なると考えられる．

　電気化学的な作用（B3）は，これらの対策工では想定していない腐食メカニズムである可能性が高い．これを完全に防ぐには，鋼とコンクリートの接触面を無くす，または，鋼材を完全にコンクリート中に埋め込む必要があり，実質的にはかなり困難であると言える．対策工としても完全な対策は難しいが，PCMや保護層をかなり広い範囲で設置することにより，この腐食を低減できる可能性がある．また，トラス斜材の箱抜きについても，鋼とコンクリートの接触面を解消し効果があると考えられるが，斜材以外の下弦材や床組の鋼部材と接触を解消することは困難であり，斜材以外の部材に影響が出る可能性があると言える．

　境界部の塗装等の劣化による腐食（A1）では，塗装自身を保護していない，笠木，30mmの塗り込み，シール材の設置は効果が低いと考えられる．一方，塗装ではなく耐久性の高い材料で鋼材を保護していると考えられるPCMや鋼製柱の保護層では，塗膜の劣化の影響は受けにくいと考えられる．

　これらの考察結果をもとに考えると，新設構造対象の場合にはPCM設置，補修構造対象の場合には箱抜きや保護層の設置が，腐食メカニズムに対して比較的効果が大きいと考えられる．また，補修構造対象の対策工を，新設構造に適用することも考えられる．一方で，これら効果が高いと考えられる対策工は，コストが大きく，施工期間が長くなるなど，大規模な対策となることが懸念され，課題となると言える．よって，構造物の重要度や各種要求性能の実態に合わせて，これらの対策工を選択することや，組み合わせることも有効な手段と言える．

参考文献

1) 久須美賢一，成嶋健一，行澤義弘：鉄道橋におけるトラス斜材とコンクリート床版交差部について（調査結果），土木学会第63回年次学術講演会，1-442，2008.9.

2) 行澤義弘，成嶋健一，松田芳則，久須美賢一：トラス斜材とコンクリート床版交差部について，SED，No.30，pp.14-19，2008.5.

3) 行澤義弘，成嶋健一，久須美賢一：鉄道橋におけるトラス斜材とコンクリート床版交差部について（構造ディテール），土木学会第63回年次学術講演会，1-441，2008.9.

4) 保坂鐵矢，藤原良憲，久保武明，武居秀訓：鉄道トラス格点部の防錆構造の例，土木学会第63回年次学術講演会，1-393，2008.9.

5) 国土交通省監修，鉄道総合技術研究所編：鉄道構造物等設計標準・同解説　鋼・合成構造物，丸善，平成21年7月

6)　国土交通省監修，鉄道総合技術研究所編：鉄道構造物等維持管理標準・同解説（構造物編）鋼・合成構造物，丸善，平成 19 年 1 月

7)　谷口望，相原修司，池田学，武安直喜，矢島秀治：SRC 合成床版を用いた下路トラス橋の設計手法に関する研究，第 6 回複合構造の活用に関するシンポジウム，土木学会，p.3-1〜p.3-8，2006.

8)　鉄道総合技術研究所：SRC 構造物ディテール集，1987.9.

9)　谷口望，大久保藤和，佐竹紳也，杉野雄亮，松浦史朗，半坂征則：既設鋼橋の複合構造化によるリニューアル工法の施工と実証試験，土木学会論文集，土木学会，70 巻 5 号 p. II_40-II_52，2014.

10)谷口望，松浦史朗，佐竹紳也，杉野雄亮，赤江信哉：鋼鉄道橋におけるポリマーセメントを用いた長寿命化対策・環境対策の経過報告，平成 29 年度土木学会全国大会，第 72 回年次学術講演会，講演概要集，2017.

11)大西弘志，谷口望，櫨原弘貴，佐々木巌，溝江慶久ほか：複合構造物を対象とした防水・排水技術の現状，複合構造レポート 07，土木学会，2013.

12)玉越隆史，大久保雅憲，星野誠，横井芳輝，強瀬義輝，道路橋の定期点検に関する参考資料（2013 年版）―橋梁損傷事例写真集―，国総研資料，第 748 号，2013.7.

13)国土交通省，鋼橋（上部構造）の損傷事例，国土交通省ホームページ，道路橋の重大損傷－最近の事例－，http://www.mlit.go.jp/road/sisaku/yobohozen/yobo3_1_1.pdf（2019.12.24 現在），2009.3.

14)日高英治：道路照明柱基部腐食の対策と経過観察についての報告，H25 国土交通省 国土技術研究会 発表資料，2013.

15)亜鉛めっき鋼構造物研究会：溶融亜鉛めっきの耐食性，https://jlzda.gr.jp/mekki/pdf/youyuu.pdf（2019.12.24 現在）

（執筆者：石田　学，溝江慶久，谷口　望）

第5章　まとめ

　第Ⅱ編では複合構造物の維持管理上の弱点となりやすいトリプルコンタクトポイントにおいて，腐食事例と防錆技術の変遷の整理，鋼材の腐食特性と接着面の付着に関する各種検討，対策方法の現状調査と考察を行った．そのまとめを以下に示す．

(1)　トリプルコンタクトポイントの腐食事例と防錆技術の変遷の整理

①　実構造物のトリプルコンタクトポイントにおける腐食事例の文献調査では，腐食事例報告が多いトラス斜材埋込み部と鋼管柱埋込み部を取り上げ，既往の腐食調査結果から同境界部の腐食の特徴について整理した．トラス斜材埋込み部の腐食パターンは，床版上面側の境界部と床版下面側の境界部に腐食が集中して発生する事例が多く，腐食が集中する箇所は水が滞留する場所である．鋼管柱の埋込み部の腐食パターンでは，境界部からコンクリート内部にかけて腐食している事例が多く，鋼管柱とコンクリートの隙間から水が侵入・滞留して，内部の腐食が進行しているものと考えられる．

②　トリプルコンタクトポイントの鋼材面の塗装仕様は，現行の鋼道路橋防食便覧（2014年版）に従って無機ジンクリッチペイントを塗布している事例が多い．しかし2005年版以前には接触部に関する記述は無かった．貫通構造のトラス橋が多く建設された1960〜1970年代の塗装仕様は，橋梁製作工場にて錆止めペイントを塗布して部材輸送し，架設後，現場でフタル酸樹脂塗料を上塗り塗装していたことがわかった．

③　上塗り塗装に用いられる塗料の耐アルカリ性について，1960〜1970年代では鋼材の上塗り塗装には長油性フタル酸樹脂が一般的に用いられていた．この塗料はアルカリに対して非常に弱いことが知られている．長油性フタル酸樹脂の化学構造にはエステル結合が含まれるため，アルカリによって加水分解される．このエステル加水分解により，長油性フタル酸樹脂はスポンジ状に膨潤し，水を含みやすい状態になる．

④　1960〜1970年代のトラス斜材埋込み部のように，コンクリートに接する鋼材の塗装に長油性フタル酸樹脂塗料を用いた場合には，塗膜に膨れや剥離が生じやすくなり，鋼材の腐食を促進するおそれがあるものと考えられる．

⑤　トリプルコンタクトポイントの意識調査アンケートでは，防水対策の実施状況から維持管理上の弱点になりやすい部位であるとの認識は3割程度であった．しかし，維持管理において注意すべき部位は，水の侵入，排出に関連した部位であるとの回答が多く，防水，排水は重要であると認識されていると考えられる．

(2)　トリプルコンタクトポイントにおける鋼材の腐食特性と接着面の付着に関する各種検討

1)　塗装が鋼とコンクリート界面部における腐食特性に与える影響

　鋼板埋込供試体を用いて行った試験を通して得られた結果を以下にまとめる．

①　無機ジンクリッチペイント有りの鋼板は，大気環境においては防食性能が機能していたが，コンクリートに埋め込まれた部分では，高アルカリ環境であるため自己腐食により防錆性能が低下する状況が確認された．

②　コンクリート埋込部では，損傷や弱点部を中心に腐食の広がりを見せたが，最大孔食深さを示した位置

は，それよりも深部であった．コンクリート埋込部内部でマクロセルが形成されていると考えられる．

③ 100サイクルになると界面部と埋込深部の塩化物イオン量の差は小さくなっており，埋込内部の鋼板に腐食が生じることで，コンクリートと鋼板との付着力の低下が生じ，さらに劣化因子の侵入が容易になると考えられる．

2）鋼とコンクリート界面部における水分浸透の評価

5ヶ月程度暴露した供試体を用いて，水張試験を行い供試体埋込内部の比抵抗値の測定により水分分布を検討した結果，本試験を通して得られた結果を以下にまとめる．

① 外観では塗装鋼板に腐食が確認されていない場合でも，コンクリートと鋼板の付着力は低下していると考えられ，界面に沿って水は浸透しており，特に隅角部からの侵入が顕著であった．

② コンクリートと鋼板の界面において，水の侵入を抑制することは難しく，水が侵入することを前提とした設計が好ましいと言える．

3）鋼コンクリート接触面の付着試験

ここでは，無機ジンクリッチペイントあるいはフッ素樹脂塗装などの一般的な塗装が施された鋼材表面とコンクリートが自然的な付着を有する場合について，コンクリートが鋼材の垂直方向に剥がれるような付着試験を行い，鋼材表面の塗装の種類ごとに付着強度を調べ，また，付着試験後の鋼板表面などを観察した．その試験を通して得られた結果を以下にまとめる．

① 無機ジンクリッチペイントの上にエポキシ樹脂塗料下塗を施したミストコート鋼板では，コンクリートとの付着強度は非常に小さい．一方，無機ジンクリッチペイントのみを施した無機ジンク鋼板および無機ジンクリッチペイントの上にエポキシ樹脂塗料およびフッ素樹脂塗料を施したフッ素樹脂鋼板では，コンクリートとの付着強度はある程度の大きさをもつが，付着強度はばらつきの大きい結果となった．したがって，ここで用いた塗装鋼板では，コンクリートとの垂直方向の有意な付着強度を期待することは難しいと言える．

② 無機ジンクリッチペイントのみを施した無機ジンク鋼板では，コンクリートの付着試験後の鋼板において，無機ジンクリッチペイントの剥がれが認められた．ただし，ここで施した無機ジンクリッチペイントの膜厚内での剥がれであり鋼板素地は見えていない．また，無機ジンクリッチペイントの上にエポキシ樹脂塗料下塗を施したミストコート鋼板では，コンクリートの付着試験後の鋼板において，エポキシ樹脂塗料下塗の一部の剥がれが観察され，同時にエポキシ樹脂塗料下塗の下の無機ジンクリッチペイントも薄く剥がれている状況が見られた．これに対して，フッ素樹脂塗装を施したフッ素樹脂鋼板では，塗膜の剥がれはまったく認められなかった．

③ 以上の付着試験の結果から，新規にコンクリートに接する鋼材面に塗装を施す場合には，剥離する際に塗膜の剥がれが認められないフッ素樹脂塗装が有効であると言える．

4）トリプルコンタクトポイントの腐食メカニズム

トリプルコンタクトポイントの腐食メカニズムを発生位置ごとに，境界部（A）とコンクリート内部（B）に分類して整理した．実構造物ではこれらの要因が単独あるいは複合的に組み合わされて発生している可能性が高いと考えられる．

① コンクリート内部腐食（B）は，境界部に生じた隙間から腐食因子が内部に入り込み，結果的に内部の

腐食が進行するケース（B1），コンクリートが材料劣化し，腐食因子が内部に侵入するケース（B2），電気化学的な作用（通気差性マクロセル）により鋼材が腐食するケース（B3），境界部で生じた腐食が内部に進展するケース（B4）がある．

② 鋼コンクリート境界部の腐食（A）は，鋼材を腐食因子から防護する塗装等の耐久性が不足し，劣化や剥離等で腐食が発生するケース（A1），コンクリート内部腐食が進展した結果，境界部も腐食するケース（A2）がある．

(3) 対策方法の現状と考察

　新設構造対象の場合は PCM 設置，補修構造対象の場合は箱抜きや保護層の設置が，腐食メカニズムに対して比較的効果が大きいと考えられる．また，補修構造対象の対策工を，新設構造に適用することも考えられる．一方で，これら効果が高いと考えられる対策工は，コストが大きく，施工期間が長くなるなど，大規模な対策となることが懸念され，課題となると言える．よって，構造物の重要度や各種要求性能の実態に合わせて，これらの対策工を選択することや，組み合わせることも有効な手段と言える．

（執筆者：西　　弘）

付　録

橋梁の防水・排水に関するアンケート調査

　橋梁の防水や排水における維持管理の現状や動向を把握することを目的として，アンケート調査を実施した．アンケート調査は国家公務員，地方公務員，鉄道会社，高速道路会社，ゼネコン，橋りょうメーカー，PC メーカー，NPO 法人を含む建設コンサルタント，一般財団法人を対象に配布した．アンケートの内容によって回答件数は異なるが 54 人の方々に回答をいただいた．アンケート調査結果を以下に示す．

基本的な事項について

（1）貴方の立場はどれに当たりますか？

　53 件の回答があり，「国家公務員，地方公務員」が 43.4%，「鉄道会社，高速道路会社等」が 1.9%，「ゼネコン，橋梁メーカー，PC メーカー等」が 5.7%，「コンサルタント（NPO 等を含む）」が 47.2%，「一般財団法人」が 1.9%となっている．国家公務員，地方公務員と建設コンサルタントの方々に 90%程度の多くの回答をいただいている．

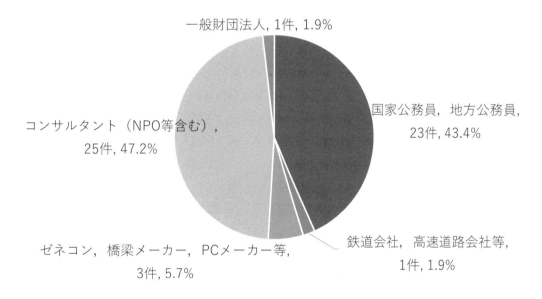

付図 1.　貴方の立場について

(2)　貴方が維持管理に関与している橋梁の数はどの範囲に入るのでしょうか？

　52 件の回答で，「100 未満」が 34.6%，「100〜199」が 19.2%，「199〜499」が 21.2%，「500〜999」が 3.8%，「1000 以上」が 21.2%となっている．橋梁数 100 橋未満に関与している人が最も多く 34.6%を占め民間業者の回答が多い．一方，1000 橋以上に関与しているのは国家公務員，地方自治体，鉄道会社，高速道路会社，コンサルタント，一般財団法人等の回答が多い傾向となっている．

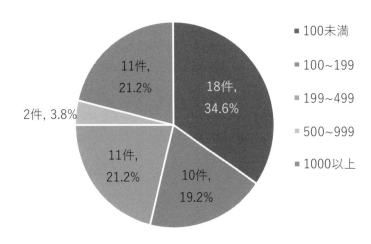

付図 2.　維持管理に関与している橋梁の数について

(3)　貴方が維持管理に関与している橋梁のうち，橋長 15m 以上の橋梁のおおよその割合をお答えください．

　50 件の回答で，「20%未満」が 16%，「20%以上 40%未満」が 48%，「40%以上 60%未満」が 16%，「60%以上 80%未満」が 8%，「80%以上」が 12%となっている．

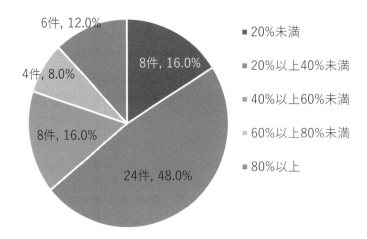

付図 3.　維持管理に関与している橋梁のうち，橋長 15m 以上の橋梁の割合について

（4）貴方が維持管理に関与している橋梁のうち，鉄橋のおおよその割合はどれくらいですか？

52 件の回答で，「10%未満」が 11.5%，「10%以上 20%未満」が 26.9%，「20%以上 40%未満」が 32.7%，「40%以上 60%未満」が 15.4%，「60%以上 80%未満」が 3.8%，「80%以上」が 9.6%となっている．

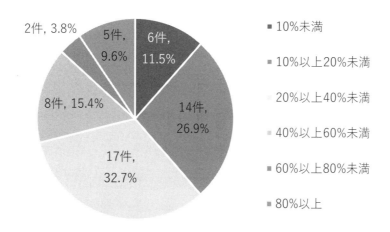

付図 4．　維持管理に関与している橋梁のうち，鉄橋の割合について

（5）貴方が維持管理に関与している橋梁のうち，供用開始後 50 年を経過した橋梁のおおよその割合はどれくらいですか？

51 件の回答で，「10%未満」が 7.8%，「10%以上 20%未満」が 21.6%，「20%以上 40%未満」が 39.2%，「40%以上 60%未満」が 15.7%，「60%以上 80%未満」が 11.8%，「80%以上」が 3.9%となっている．国土交通省道路局調べ（道路メンテナンス年報 平成 30 年 8 月）では，建設後 50 年を経過した橋梁の割合は，2018 年では約 25%であり，5 年後の 2023 年には約 39%，10 年後の 2028 年には約 50%，2033 年では約 63%となり橋の高齢化が急速に進むと予測されているが，この予測と同じような傾向であると考えられる．

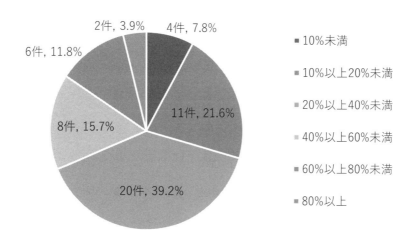

付図 5．　維持管理に関与している橋梁のうち，供用開始後 50 年を経過した橋梁の割合について

道路橋床版の防水と排水について

(6) 道路橋の床版防水工についてどのようにお考えでしょうか？

　51 件の回答で，「1. 必ず設置しないといけない」が 49%，「2」が 37.3%，「3」が 7.8%，「4」が 5.9%，「5. 設置する必要は無い」が 0%となっている．1〜2 の回答が多いことから床版防水工の設置は重要であると認識されていると考えられる．

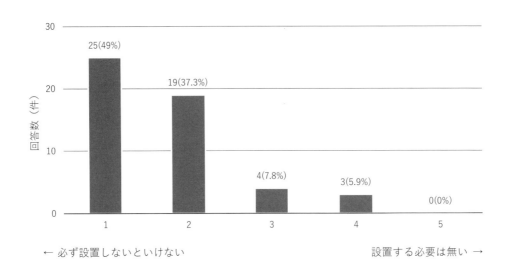

付図 6.　道路橋の床版防水工について

(7) 道路橋の床版防水工に関する基準としてどれを使っていますか？

　52 件の回答があり，「道路橋床版防水便覧（日本道路協会）」が 92.3%，「床版防水システムガイドライン（土木学会）」が 0%，「独自に基準を設けている」が 0%，「基準は設けていない」が 5.8%，「防水便覧，ガイドライン，設計便覧」が 1.9%となっている．回答者の 9 割以上が「道路橋床版防水便覧（日本道路協会）」を使用していることがわかった．

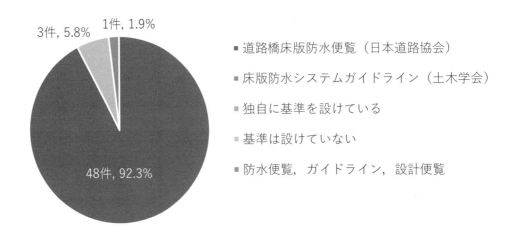

付図 7.　道路橋の床版防水工に関する基準について

(8) 道路橋の排水工に関する基準としてどれを使っていますか?

51 件の回答があり,「道路橋床版防水便覧(日本道路協会)」が 90.2%,「床版防水システムガイドライン(土木学会)」が 0%,「独自に基準を設けている」が 0%,「基準は設けていない」が 5.9%,「国土交通省地方整備局設計便覧」が 3.9%となっている. 回答者の 9 割以上が床版防水工と同様,排水工の基準に「道路橋床版防水便覧(日本道路協会)」を使用していることがわかった.

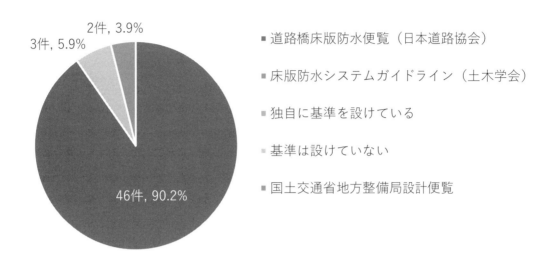

付図 8.　道路橋の排水工に関する基準について

(9) 全管理橋梁のうち,防水工を施工した橋梁の割合はどのぐらいですか?

50 件の回答で,「20%未満」が 34%,「20%以上 40%未満」が 16%,「40%以上 60%未満」が 14%,「60%以上 80%未満」が 12%,「80%以上」が 24%となっている. 平成 14 年道路橋示方書 5.3 橋面舗装から防水層等を設けるものと規定されたため,規定される以前に建設された橋梁では防水工を施工されていない可能性はあるが半数の回答が 40%未満であることがわかった.

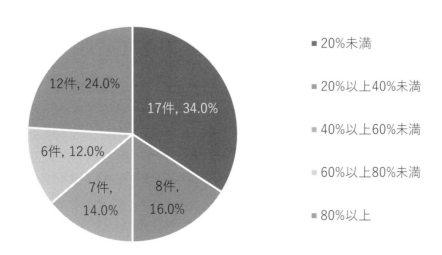

付図 9.　全管理橋梁のうち、防水工を施工した橋梁の割合について

（10）橋長 15m 以上の管理橋梁のうち，防水工を施工した橋梁の割合はどのぐらいですか？

　49 件の回答で，「20%未満」が 30.6%，「20%以上 40%未満」が 12.2%，「40%以上 60%未満」が 18.4%，「60%以上 80%未満」が 16.3%，「80%以上」が 22.4%となっている．(6)の回答から床版防水工の設置は重要であると認識されているものの，橋長 15m 以上の橋梁において 42.8%の回答が 40%未満は防水工を施していないことがわかった．

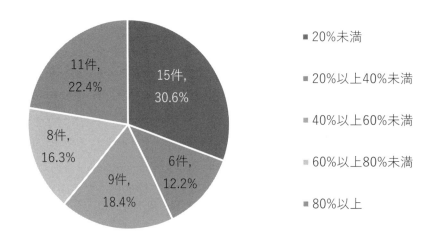

付図 10.　橋長 15m 以上の管理橋梁のうち，防水工を施工した橋梁の割合について

（11）管理橋梁のうち，排水工が健全に機能している橋梁のおおよその割合はどのぐらいですか？

　48 件の回答で，「20%未満」が 29.2%，「20%以上 40%未満」が 16.7%，「40%以上 60%未満」が 33.3%，「60%以上 80%未満」が 14.6%，「80%以上」が 6.3%となっている．30%程度の回答が排水の機能低下（排水工が健全に機能している橋梁の割合 20%未満）があると回答されていることから，橋面の清掃など日常のメンテナンスが行われているケースは少ないと考えられる．

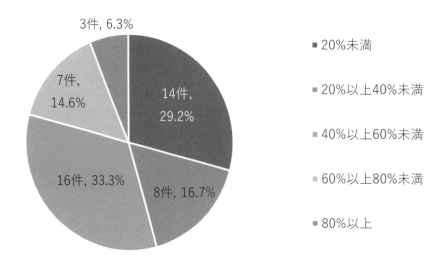

付図 11.　排水工が健全に機能している橋梁の割合について

（12）使用している防水工の種類はどれですか？（複数回答可）

　50 件の回答で，「アスファルト塗膜」が 74%，「アスファルトシート（不織布なし）」が 34%，「アスファルトシート（不織布入り）」が 46%，「ウレタン塗膜」が 10%，「複合防水（浸透系樹脂+アスファルト塗膜）」が 12%，「無溶剤型のエポキシ樹脂系塗膜防水材」が 2%，「対処なし」が 2%となっている．アスファルト塗膜系の防水工が多く使用されている．

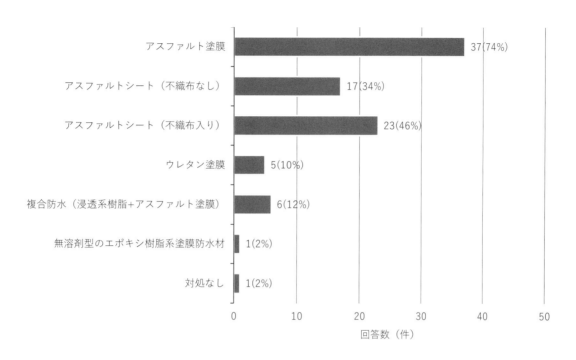

付図 12.　使用している防水工の種類について

（13）アスファルト防水の維持管理（更新を含む）は容易でしょうか？

　47 件の回答で，「1. 非常に簡単」が 4.3%，「2」が 17%，「3」が 53.2%，「4」が 19.1%，「5. 非常に困難」が 6.4%となっている．アスファルト防水の維持管理は簡単でもなく，困難でもない回答が過半数を占めている．

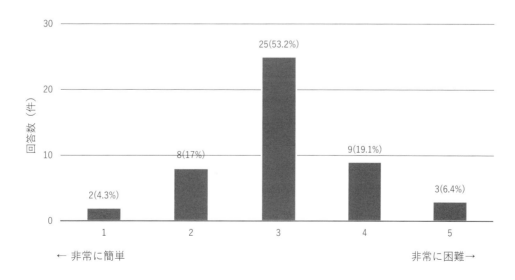

付図 13.　アスファルト防水の維持管理について

（14）アスファルトシート（不織布なし）の維持管理（更新を含む）は容易でしょうか？

　41 件の回答で，「1．非常に簡単」が 0%，「2」が 7.3%，「3」が 65.9%，「4」が 19.5%，「5．非常に困難」が 7.3%となっている．アスファルトシート（不織布なし）の維持管理は簡単でもなく困難でもない回答が過半数を占めている．

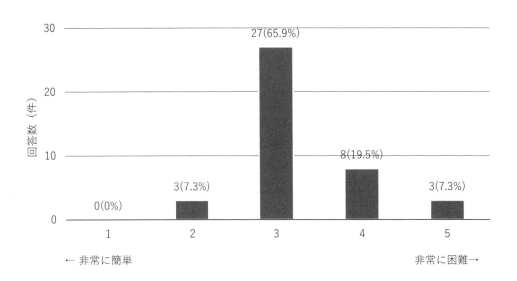

付図 14．　アスファルトシート（不織布なし）の維持管理について

（15）アスファルトシート（不織布あり）の維持管理（更新を含む）は容易でしょうか？

　44 件の回答で，「1．非常に簡単」が 0%，「2」が 9.1%，「3」が 63.6%，「4」が 18.2%，「5．非常に困難」が 9.1%となっている．アスファルトシート（不織布あり）の維持管理は簡単でもなく困難でもない回答が過半数を占めている．

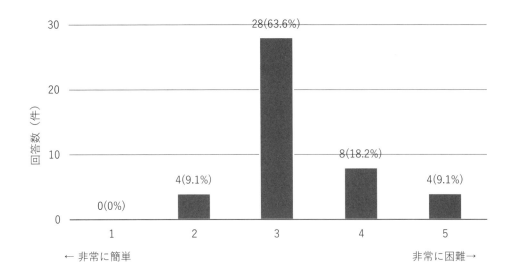

付図 15．　アスファルトシート（不織布あり）の維持管理について

（16）ウレタン塗膜の維持管理（更新を含む）は容易でしょうか？

　35 件の回答で，「1．非常に簡単」が 2.9%，「2」が 2.9%，「3」が 60%，「4」が 22.9%，「5．非常に困難」が 11.4%となっている．ウレタン塗膜の維持管理は簡単でもなく困難でもない回答が過半数を占めているが，簡単側に比べ困難側に多く回答されている．

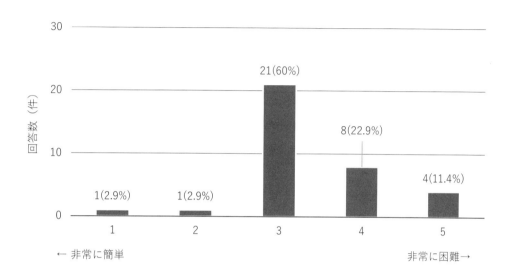

付図 16．　ウレタン塗膜の維持管理について

（17）複合防水の維持管理（更新を含む）は容易でしょうか？

　34 件の回答で，「1．非常に簡単」が 0%，「2」が 0%，「3」が 64.7%，「4」が 23.5%，「5．非常に困難」が 11.8%となっている．複合防水の維持管理は簡単でもなく困難でもない回答が過半数を占めているが，簡単側と困難側とを比べると困難側に多く回答されている．

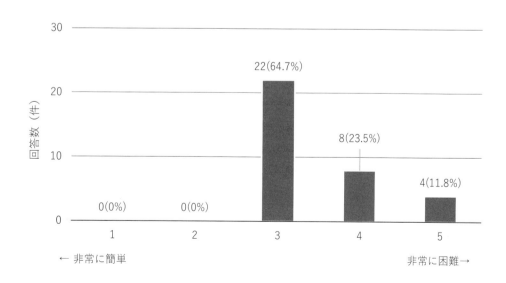

付図 17．　複合防水の維持管理について

(18) 防水工の維持管理（更新含む）で難しい点はどれですか？最もあてはまるものを3つ選んでください．

52件の回答で，「点検（検査）の方法がわからない（手段，機器）」が34.6%，「点検（検査）の結果を評価する方法がわからない（状態の評価）」が48.1%，「点検（検査）の結果から寿命を推定する方法がわからない（余寿命の推定）」が63.5%，「補修（更新）の最適な方法がわからない（工法，設備）」が38.5%，「補修（更新）の適切な規模がわからない（施工範囲）」が25%，「補修（更新）すべき時期がわからない（施工時期）」が53.8%，「点検（検査）の費用がわからない」が19.2%，「補修（更新）の費用がわからない」が9.6%となっている．

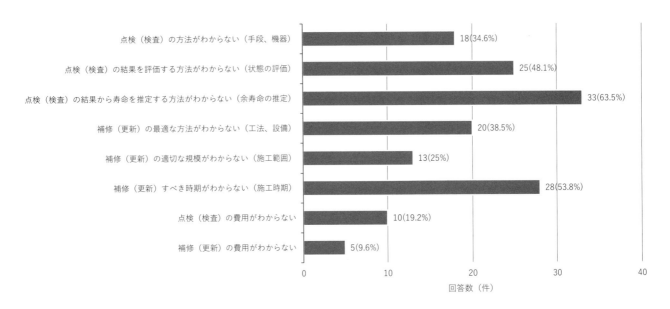

付図18.　防水工の維持管理で難しい点について

(19) 排水ますは使用していますか？

53件の回答で，「1. 必ず使用する」が37.7%，「2」が32.1%，「3」が22.6%，「4」が3.8%，「5. 全く使用しない」が3.8%となっている．ほとんどが排水ますを設置しているとの回答から，排水デバイスの重要性が認識されているといえる．

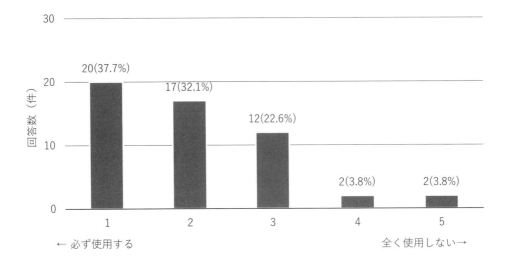

付図19.　排水ますの使用について

（20）スラブドレーンは使用していますか？

52 件の回答で，「1．必ず使用する」が 30.8%，「2」が 30.8%，「3」が 19.2%，「4」が 11.5%，「5．全く使用しない」が 7.7%となっている．排水ますと同様，ほとんどの回答がスラブドレーンを使用していることから，排水デバイスの重要性が認識されているといえる．

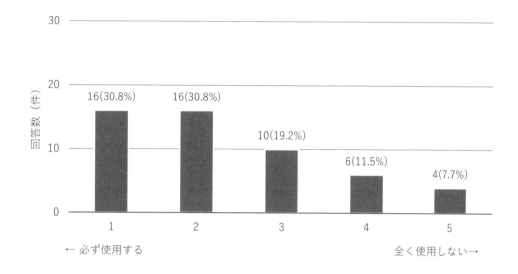

付図 20．　スラブドレーンの使用について

（21）導水管は使用していますか？

52 件の回答で，「1．必ず使用する」が 42.3%，「2」が 34.6%，「3」が 11.5%，「4」が 5.8%，「5．全く使用しない」が 5.8%となっている．排水ますと同様，過半数の回答が導水管を使用していることから，排水デバイスの重要性が認識されているといえる．

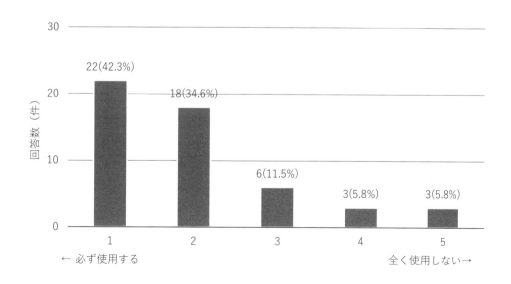

付図 21．　導水管の使用について

（22）水抜き孔は使用していますか？

52 件の回答で，「1．必ず使用する」が 23.1%，「2」が 42.3%，「3」が 23.1%，「4」が 5.8%，「5．全く使用しない」が 5.8%となっている．過半数の回答が水抜き孔を使用していることから，排水デバイスの重要性が認識されているといえる．

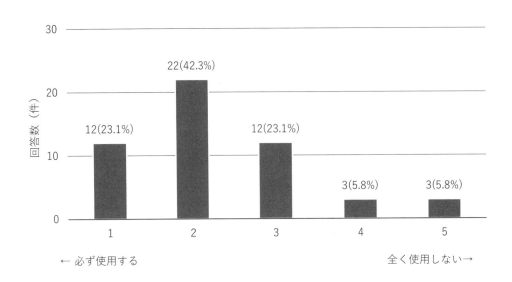

付図 22.　水抜き孔の使用について

（23）モニタリング孔は使用していますか？

48 件の回答で，「1．必ず使用する」が 2.1%，「2」が 6.3%，「3」が 18.8%，「4」が 10.4%，「5．全く使用しない」が 62.5%となっている．

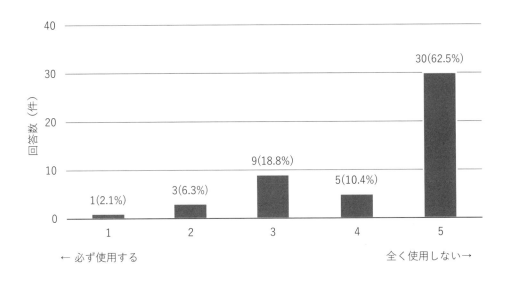

付図 23.　モニタリング孔の使用について

（24）排水工の維持管理（更新含む）で難しい点はどれですか？最もあてはまるものを3つ選んでください.

　49 件の回答で,「点検（検査）の方法がわからない（手段,機器）」が 20.4%,「点検（検査）の結果を評価する方法がわからない（状態の評価）」が 36.7%,「点検（検査）の結果から寿命を推定する方法がわからない（余寿命の推定）」が 63.3%,「補修（更新）の最適な方法がわからない（工法,設備）」が 51%,「補修（更新）の適切な規模がわからない（施工範囲）」が 36.7%,「補修（更新）すべき時期がわからない（施工時期）」が 51%,「点検（検査）の費用がわからない」が 8.2%,「補修（更新）の費用がわからない」が 14.3%となっている.

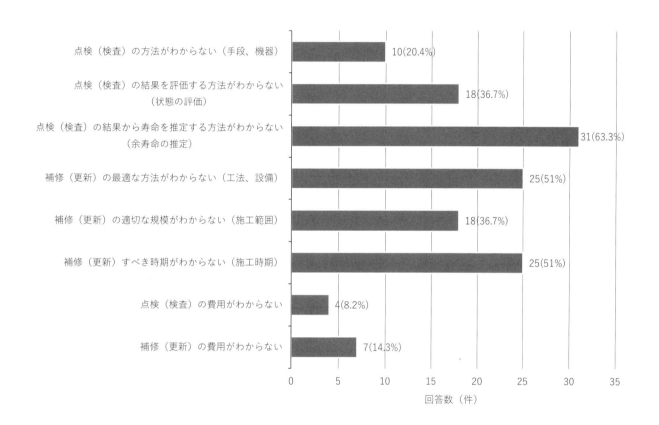

付図 24.　排水工の維持管理で難しい点について

床版防水工を施工する橋梁を選定する際に考慮する項目はどれですか？

（25）大型車交通量

　50件の回答で，「1．必ず考慮する」が18%，「2」が32%，「3」が26%，「4」が8%，「5．全く考慮しない」が16%となっている．

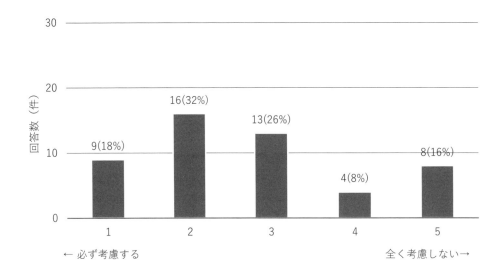

付図25．　**大型車交通量**について

（26）床版の種類（RC床版，PC床版，鋼床版，合成床版）

　51件の回答で，「1．必ず考慮する」が37.3%，「2」が39.2%，「3」が11.8%，「4」が0%，「5．全く考慮しない」が11.8%となっている．

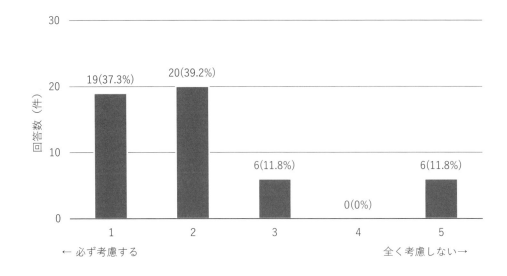

付図26．　床版の種類について

（27）塩害環境（海に近い，凍結防止剤を散布している）

　51 件の回答で，「1. 必ず考慮する」が 31.4%，「2」が 31.4%，「3」が 13.7%，「4」が 3.9%，「5. 全く考慮しない」が 19.6% となっている.

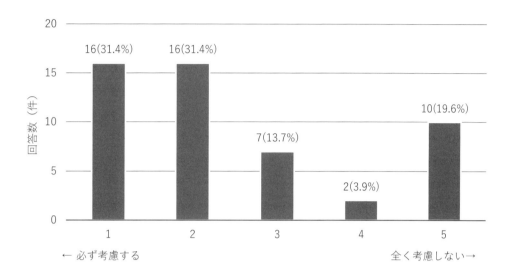

付図 27.　塩害環境について

（28）構造的特徴（中間支点を有しているなど）

　48 件の回答で，「1. 必ず考慮する」が 18.8%，「2」が 31.3%，「3」が 29.2%，「4」が 4.2%，「5. 全く考慮しない」が 16.7% となっている.

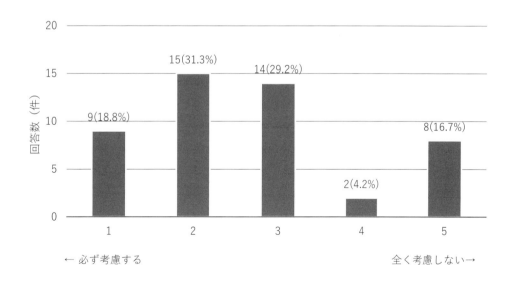

付図 28.　構造的特徴について

（29）施工に伴う特徴（桁端部の状況，コンクリート打継目の配置）

　50件の回答で，「1．必ず考慮する」が34%，「2」が38%，「3」が14%，「4」が2%，「5．全く考慮しない」が12%となっている．

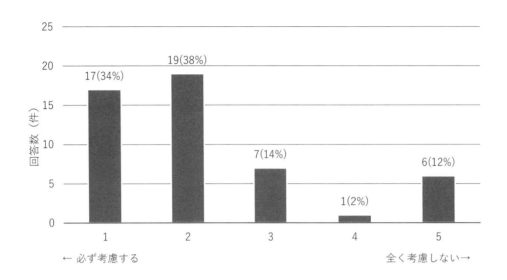

付図 29.　施工に伴う特徴について

（30）管理上の特徴（補修（修繕）や補強の履歴）

　51件の回答で，「1．必ず考慮する」が33.3%，「2」が33.3%，「3」が21.6%，「4」が0%，「5．全く考慮しない」が11.8%となっている．

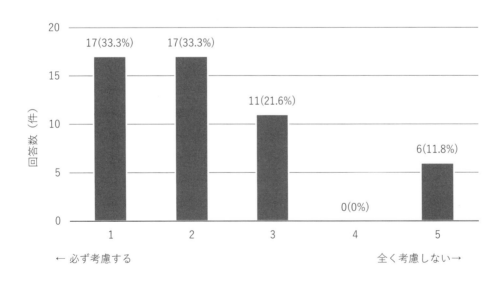

付図 30.　管理上の特徴について

　（25）〜（30）の問いに対してどの項目においても，過半数（1〜3）が「考慮する」と回答されており，床版防水工の重要性は高いと理解されていると考えられる．

排水工の機能を維持する上で影響が大きい項目は何でしょう？

（31）周辺環境（住宅地，工業団地，森林等）

　51 件の回答で，「1. 非常に影響がある」が 17.6%，「2」が 29.4%，「3」が 27.5%，「4」が 17.6%，「5. 全く影響はない」が 7.8%となっている．

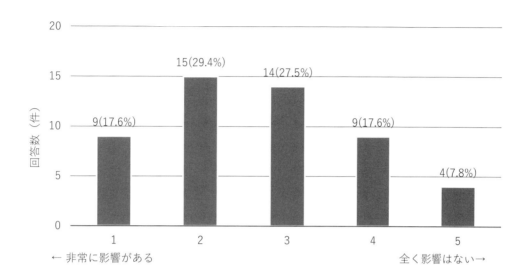

付図 31.　周辺環境について

（32）交通量（車両，歩行者等）

　52 件の回答で，「1. 非常に影響がある」が 28.8%，「2」が 38.5%，「3」が 15.4%，「4」が 9.6%，「5. 全く影響はない」が 7.7%となっている．

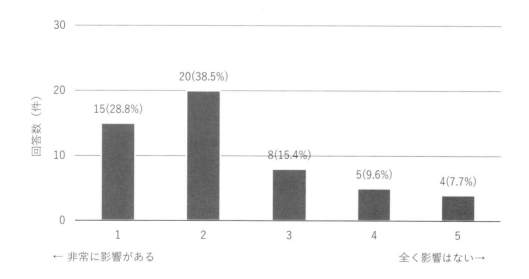

付図 32.　交通量について

（33）雨量

　51 件の回答で，「1．非常に影響がある」が 21.6%，「2」が 41.2%，「3」が 25.5%，「4」が 7.8%，「5．全く影響はない」が 3.9%となっている．

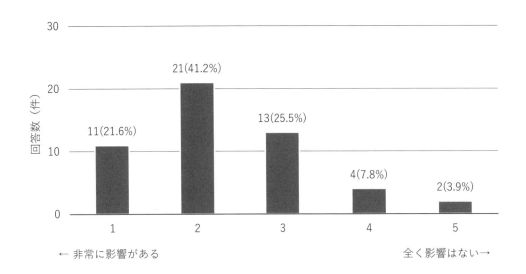

付図 33．　雨量について

（34）橋梁自体の構造特性（勾配等）

　53 件の回答で，「1．非常に影響がある」が 49.1%，「2」が 39.6%，「3」が 5.7%，「4」が 1.9%，「5．全く影響はない」が 3.8%となっている．

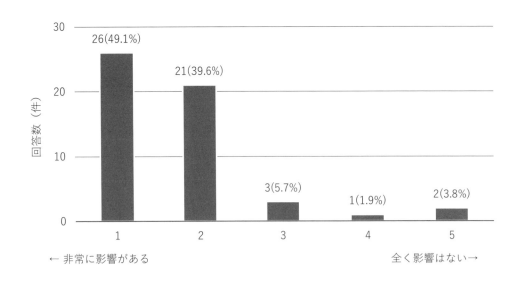

付図 34．　橋梁自体の構造特性について

（35）排水工の諸元（排水ますの大きさ，排水管の太さ等）

52 件の回答で，「1. 非常に影響がある」が 42.3%，「2」が 38.5%，「3」が 15.4%，「4」が 0%，「5. 全く影響はない」が 3.8%となっている.

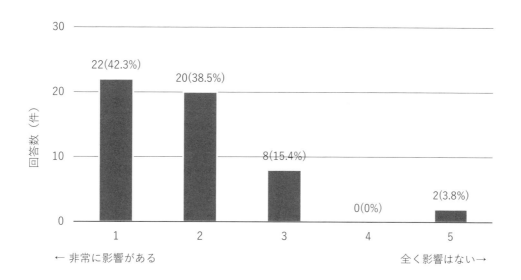

付図 35.　排水工の諸元について

（31）～（35）の問いに対して，維持管理上，排水工の機能に大きく影響を与える項目は，交通量，雨量，橋梁の橋梁特性（勾配），排水工の諸元（排水ますの大きさ，排水管の太さ等）であるとの回答が多い.

（執筆者：西　　弘，大西弘志）

複合構造標準示方書

書名	発行年月	版型:頁数	本体価格
2009年制定 複合構造標準示方書	平成21年12月	A4:558	
※2014年制定 複合構造標準示方書　原則編・設計編	平成27年5月	A4:791	6,800
※2014年制定 複合構造標準示方書　原則編・施工編	平成27年5月	A4:216	3,500
※2014年制定 複合構造標準示方書　原則編・維持管理編	平成27年5月	A4:213	3,200

複合構造シリーズ

号数	書名	発行年月	版型:頁数	本体価格
01	複合構造物の性能照査例 －複合構造物の性能照査指針（案）に基づく－	平成18年1月	A4:382	
02	Guidelines for Performance Verification of Steel-Concrete Hybrid Structures（英文版　複合構造物の性能照査指針（案）　構造工学シリーズ11）	平成18年3月	A4:172	
03	複合構造技術の最先端 －その方法と土木分野への適用－	平成19年7月	A4:137	
04	FRP歩道橋設計・施工指針（案）	平成23年1月	A4:241	
05	基礎からわかる複合構造－理論と設計－	平成24年3月	A4:116	
※06	FRP水門設計・施工指針（案）	平成26年2月	A4:216	3,800
※07	鋼コンクリート合成床版設計・施工指針（案）	平成28年1月	A4:314	3,000
※08	基礎からわかる複合構造－理論と設計－（2017年版）	平成29年12月	A4:140	2,500
※09	FRP接着による構造物の補修・補強指針（案）	平成30年7月	A4:310	3,500

複合構造レポート

号数	書名	発行年月	版型:頁数	本体価格
01	先進複合材料の社会基盤施設への適用	平成19年2月	A4:195	
02	最新複合構造の現状と分析－性能照査型設計法に向けて－	平成20年7月	A4:252	
03	各種材料の特性と新しい複合構造の性能評価－マーケティング手法を用いた工法分析－	平成20年7月	A4:142 +CD-ROM	
04	事例に基づく複合構造の維持管理技術の現状評価	平成22年5月	A4:186	
05	FRP接着による鋼構造物の補修・補強技術の最先端	平成24年6月	A4:254	
06	樹脂材料による複合技術の最先端	平成24年6月	A4:269	
※07	複合構造物を対象とした防水・排水技術の現状	平成25年7月	A4:196	3,400
08	巨大地震に対する複合構造物の課題と可能性	平成25年7月	A4:160	
※09	FRP部材の接合および鋼とFRPの接着接合に関する先端技術	平成25年11月	A4:298	3,600
10	複合構造ずれ止めの抵抗機構の解明への挑戦	平成26年8月	A4:232	
11	土木構造用FRP部材の設計基礎データ	平成26年11月	A4:225	
※12	FRPによるコンクリート構造の補強設計の現状と課題	平成26年11月	A4:182	2,600
※13	構造物の更新・改築技術 －プロセスの紐解き－	平成29年7月	A4:258	3,500
※14	複合構造物の耐荷メカニズム－多様性の創造－	平成29年12月	A4:300	3,500
※15	複合構造物の防水・排水技術－水の侵入形態と対策－	令和2年3月	A4:155	2,200

※は、土木学会および丸善出版にて販売中です。価格には別途消費税が加算されます。

定価 2,420 円（本体 2,200 円＋税 10%）

複合構造レポート 15
複合構造物の防水・排水技術　－水の侵入形態と対策－

令和 2 年 3 月 15 日　第 1 版・第 1 刷発行

編集者……公益社団法人　土木学会　複合構造委員会
　　　　　維持管理を考慮した複合構造の防水・排水に関する調査研究小委員会
　　　　　委員長　大西　弘志
発行者……公益社団法人　土木学会　専務理事　塚田　幸広

発行所……公益社団法人　土木学会
　　　　　〒160-0004　東京都新宿区四谷 1 丁目（外濠公園内）
　　　　　TEL　03-3355-3444　FAX　03-5379-2769
　　　　　http://www.jsce.or.jp/
発売所……丸善出版株式会社
　　　　　〒101-0051　東京都千代田区神田神保町 2-17　神田神保町ビル
　　　　　TEL　03-3512-3256　FAX　03-3512-3270

©JSCE2020／Committee on Hybrid Structures
ISBN978-4-8106-1005-5
印刷・製本：（株）平文社　用紙：京橋紙業（株）

オンライン土木博物館

ドボ博
DOBOHAKU

www.dobohaku.com

オンライン土木博物館「ドボ博」は、ウェブ上につくられた全く新しいタイプの博物館です。

ドボ博では、「いつものまちが博物館になる」をキャッチフレーズに、地球全体を土木の博物館に見立て、独自の映像作品、貴重な図版資料、現地に誘う地図を巧みに融合して、土木の新たな見方を提供しています。

展示内容の更新や「学芸員」のブログ、関連イベントなどの最新情報をドボ博、フェイスブックでも紹介しています。

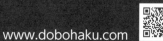
www.dobohaku.com

www.facebook.com/dobohaku

あらゆる境界をひらき
持続可能な社会の礎を築く

公益社団法人 土木學會
Japan Society of Civil Engineers
JSCE